LES GRANDES ÉNIGMES DE NOTRE PLANETE

Alexandre Nadal

LES GRANDES ÉNIGMES DE NOTRE PLANETE

Couverture : Ely KISH " Dryptosaurus"
Canadian Museum of Nature Ottawa ©

CHAPITRE PREMIER

LES ORIGINES DE LA VIE

« Il y a de la grandeur dans cette conception d'une vie riche de tant de pouvoirs, modelée à l'origine par le Créateur en quelques formes, ou en une seule ; et dans le fait que, tandis que cette planète ne cessait de tourner selon les lois immuables de la gravité, d'innombrables créatures, chaque fois plus belles et plus admirables, se sont formées et continuent de se former à partir d'un commencement aussi simple. »

Charles Darwin (l'Origine des Espèces)

Lorsque la terre s'est formée voici quatre milliards et demi d'années elle ressemblait à la lune actuelle, c'était une masse rocheuse absolument stérile et aucune vie n'animait les eaux des océans ou les surfaces solides, aucune végétation n'égayait les paysages si bien qu'on aurait pu donner à notre globe tout entier le nom de Terre de Désolation.

Cette partie de l'histoire de la terre avant l'apparition d'organismes vivants est connue sous le nom d'Azoïque. Malheureusement pour nous on ignore à peu près tout de cette période et pour l'étudier on ne possède aucune donnée positive, ni roches, ni minéraux. On ignore quelle était la composition de la première écorce terrestre après le refroidissement et la solidification de la boule en fusion initiale. La première terre était-elle aride et les mers se sont-elles formées après par précipitation à partir d'une atmosphère humide environnante? ou bien y eut-il très tôt des océans? quelle était la composition de l'atmosphère, différente ou identique à la nôtre? autant de questions dont on ne connaît pas les réponses. Or ces questions sont capitales, faute de pouvoir les résoudre les savants en sont réduits aux hypothèses pour expliquer les origines de la vie. Une date sûre, à retenir, c'est celle de 2 milliards 700 millions d'années. En effet le plus ancien organisme vivant retrouvé à l'état fossile remonte à cette date. Il s'agit d'une sorte d'algue calcaire découverte en Rhodésie du Sud par des chercheurs en 1940. Plus récemment des Américains ont trouvé dans le sud de la province canadienne de l'Ontario, d'autres algues apparentées aux cyanophycées qui vivent encore aujourd'hui et qui remonteraient à 2 milliards d'années.

Ces formes de vie sont extrêmement primitives et composées seulement par des séries de cellules. Des sortes de moisissures ou champignons existaient également, si bien que les cryptogames et les algues apparaissent comme les plus anciennes formes de vie connues. Nous sommes là dans la seconde partie de l'histoire de la terre, l'ère cryptozoïque (du grec *kryptos* — caché et *zoon* — vivant).

Ces découvertes ont d'ailleurs corroboré les théories des naturalistes et des paléontologues qui avaient imaginé une explication logique selon laquelle l'évolution de la vie se faisait à partir d'éléments les plus simples jusqu'aux spécimens les plus compliqués et les plus différenciés. Ils ont certainement raison car toutes les trouvailles ont confirmé jusqu'à maintenant cette théorie de l'évolution.

Des acides à la base de toute vie

Comment cette forme de vie a-t-elle pris naissance? Par la création divine, répondent certains. Ceci ne pouvant être contrôlé scientifiquement, force est de chercher les autres possibilités.

Tous ces organismes initiaux sont constitués, on l'a vu, par de simples cellules. On ignore toutefois si ces êtres primitifs étaient des plantes ou des animaux, mais le problème important et qui n'est pas tranché pour autant, c'est celui du passage de l'inorganique à l'organique, de la matière inanimée à la substance vivante. Actuellement les savants supposent que les premières créatures vivantes évoluèrent d'elles-mêmes à partir des substances chimiques en suspens dans l'atmosphère ou les eaux primitives. Il ne faut pas perdre de vue que les conditions d'environnement qui existaient sur notre planète voici près de 3 milliards d'années, étaient certainement fort différentes de celles qui règnent actuellement.

C'est ainsi que l'atmosphère était probablement constituée d'éléments différents. A la place de l'oxygène, il y avait de l'ammoniac et du méthane et grâce à l'action des rayons solaires, certains acides aminés et des nucléotides ont été produits. Or, les biologistes ont prouvé que tous les êtres vivants sont formés par deux sortes de molécules, des acides aminés et des nucléotides. Les radiations ultraviolettes du soleil étaient certainement plus fortes que de nos jours et arrivaient à la surface de la terre sans traverser la couche d'ozone protectrice qui la recouvre aujourd'hui. De même, de violentes décharges électriques dues aux orages ont produit dans l'atmosphère des phénomènes électrochimiques puissants.

Tous ces processus qui se sont déroulés sans interruption durant plusieurs centaines de millions d'années, ont conduit à un certain moment à la création, dans les océans de notre planète, de ces acides, dont on sait aujourd'hui qu'ils sont à la base de toute vie.

Récemment des chimistes sont d'ailleurs parvenus à reconstituer en laboratoire ces molécules fondamentales de la vie et à partir de substances chimiques, dans des conditions proches de celles qui régnaient à la surface de la terre au début de son existence. En outre, une autre découverte a confirmé cette hypothèse que la vie est issue de substances chimiques inertes ; il s'agit de celle d'une substance, le virus, qui se trouve à la limite de la matière inanimée (atomes, noyaux) et des organismes vivants.

Des gaz et de l'électricité

C'est en 1952 que le savant américain Stanley Miller, réussit l'expérience consistant à produire des acides aminés et des nucléotides à partir d'expériences chimiques. Sur les conseils d'un de ses professeurs, Harold Urey, il reconstitua l'atmosphère de la terre à sa naissance : eau, hydrogène, ammoniac et méthane et fit traverser ces gaz par un courant électrique. Au bout de quelque temps, l'eau contenait des acides aminés. Durant les dix années qui suivirent, des expériences similaires ont permis la création d'acides aminés et nucléiques en exposant divers mélanges chimiques à l'électricité ou aux rayons solaires. On peut donc maintenant mieux concevoir quel processus présida à l'origine de la vie.

A partir de substances chimiques existant dans l'atmosphère, des phénomènes dus à l'électricité ou au soleil produisirent des acides aminés et nucléiques. Ces particules se concentrèrent de plus en plus dans les eaux des océans jusqu'à former un épais bouillon de culture et, à la suite d'une très longue période, un milliard d'années, elles se combinèrent pour donner naissance aux protéines et aux premières cellules. Puis ces cellules se différencièrent elles-mêmes et donnèrent les organismes multicellulaires et enfin des créatures plus complexes.

On sait aujourd'hui que les acides aminés et les nucléotides sont identiques chez tous les organismes qui vivent à la surface de la terre, depuis l'infirme bactérie jusqu'à l'homme en passant par toutes les formes de la vie animale depuis le mollusque jusqu'au chimpanzé.

Il fallut donc sur notre terre un à deux milliards d'années pour pouvoir créer le premier organisme vivant, il en fallut à peu près autant pour passer de la cellule à l'homme. Devant ces résultats, on est en droit de penser que ce processus a pu également exister sur d'autres planètes présentant des similitudes avec la nôtre. Elles sont légion dans le Cosmos ; il leur suffit de graviter autour d'une étoile semblable à notre Soleil, des étoiles plus grandes disparaissant trop vites.

De la vie dans la Galaxie

Des astronomes ont dénombré dans notre seule Galaxie plus de 100 000 planètes qui possèdent des conditions favorables à l'éclosion de la vie. Il est donc hautement probable, sans recourir à l'imagination des auteurs de science-fiction, que nombre d'astres de notre système galactique sont également pourvus d'organismes vivants. Ceux-ci sont-ils intelligents, semblables à nous? Mystère! Mais il est permis de faire certaines hypothèses. Notre planète existe depuis 4 à 5 milliards d'années, mais notre galaxie est deux fois plus vieille, 10 milliards d'années environ, donc certaines de ces planètes existent aussi depuis le double de temps. Il est donc probable que les formes vivantes y ont atteint un degré de complexité et d'intelligence proportionnel à cette durée. La terre n'a encore jamais reçu d'eux aucune manifestation, les distances énormes qui nous séparent de ces univers habités, notre technologie encore aux balbutiements, expliquent ce silence, mais il n'est pas exclu qu'il soit un jour rompu.

Petite histoire des fossiles et des paléontologues

L'histoire de la vie sur la terre est une science récente, la paléontologie ne remonte pas au-delà du XVIIe siècle. Pour reconstituer le long cheminement qui va des premiers animaux unicellulaires à l'homme, nous disposons des vestiges laissés par les fossiles; c'est grâce à eux, à cet immense puzzle qui présente d'ailleurs de nombreuses lacunes dans le temps comme dans l'espace, que les paléontologues ont pu rassembler assez de connaissances, pour présenter aujourd'hui un ensemble cohérent.

Les fossiles furent connus dès l'Antiquité, les Grecs les premiers ont donné leur opinion à leur sujet. Dès le VIe siècle avant Jésus-Christ, Pythagore s'exprimait en ces termes: « J'ai vu la mer là où jadis s'étendait le sol le plus solide, j'ai vu des terres qui étaient sorties du sein des eaux, et bien loin de la mer gisaient d'étranges coquilles marines. » Aristote au IVe siècle avant notre ère remarquait justement que « ce ne sont pas toujours les mêmes parties du globe qui se trouvent immergées, ni les mêmes qui sont hors des eaux. Il se produit un changement entre le continent et l'océan; ces lieux ne restent pas toujours mer, ni ceux-là terre ferme... là où s'étend aujourd'hui la mer, la terre ressurgira de nouveau. Nous croyons que ces permutations s'effectuent selon un certain ordre et qu'elles parcourent un certain cycle ». Admirable prescience que celle d'Aristote puisqu'en une seule phrase, il résumait l'histoire de la formation de notre planète telle que les savants la comprennent de nos jours.

Un Grec du IIIe siècle, Straton de Lampsaque, apportait certaines confirmations aux dires d'Aristote. « L'Egypte, remarquait-il, a été autrefois sous la mer, jusqu'aux marais proches de Péluse et au lac Sirbonis. Lorsqu'on creuse le sol en Egypte, on y trouve en effet du sable rempli de coquilles. Ce pays était jadis recouvert par les eaux et quand elles se sont retirées, seul le lac Sirbonis est resté puis s'est transformé en marais. » Mais c'est le géographe Strabon qui au Ier siècle pose le problème le plus clairement. « Comment est-il possible qu'en des régions situées au milieu des terres et éloignées de la mer de plus de trois mille stades, on trouve en beaucoup d'endroits une multitude de coquillages, d'huîtres et des lacs stagnants dont l'eau est salée? Près du temple d'Ammon, on rencontre ainsi une grande quantité d'huîtres et aussi beaucoup de sel... » et, explique Strabon, ces phénomènes sont la conséquence « de ce qu'un même fond marin tantôt se soulève et tantôt s'abaisse; la mer alors s'élève ou s'abaisse en même temps que ce fond et lorsqu'elle est soulevée elle inonde les régions côtières, et lorsqu'elle rentre dans son lit, elle les laisse émergées ».

Albert le Grand fait figure de précurseur

Après les Grecs, il faut attendre les grands théologiens du Moyen Age pour trouver des opinions originales sur les fossiles. Au XIIIe siècle, Albert le Grand dans son « De mineralibus et rebus metallicis » fait même figure de précurseur; il a une notion exacte de la nature des fossiles, s'intéresse aussi bien aux migrations des animaux qu'à leur répartition sur la surface de la planète.

« Des animaux entiers, écrit-il, peuvent être pétrifiés. Les éléments de leurs corps sont transformés, la terre se mêle à l'eau et la vertu minérale change le tout en pierre tout en gardant la forme primitive de l'animal... la preuve réside dans les parties des animaux aquatiques découverts dans les rochers des montagnes, ils ont été amenés là par les eaux, et le froid et la sécheresse de la pierre les ont conservés intacts. On en trouve beaucoup dans les pierres de Paris, qui comportent souvent des coquilles, les unes arrondies, les autres en forme de croissant de lune, d'autres encore semblables à des écailles de tortues. »

Un contemporain d'Albert le Grand, le moine Ristoro d'Arezzo, arrivait aux mêmes conclusions. Dans sa « Composition du Monde », de 1282, il faisait part d'une de ses trouvailles et essayait de l'expliquer. « En fouillant jusqu'au sommet d'une haute montagne, nous avons trouvé un grand nombre d'os d'escargots et de coquilles. Là se trouvaient également un grand amas de sable et des cailloux arrondis, de toute dimension, mêlés comme s'ils avaient été déposés par un fleuve. Voilà un signe certain que cette montagne a été faite par le déluge. Lorsqu'on rencontre en certaines contrées des montagnes où il y a des os de poissons, c'est un signe évident qu'elles ont été autrefois recouvertes par les eaux de la mer. »

Un philosophe, recteur de l'Université de Paris en 1357, Albert de Helmstadt traita lui aussi de la géologie et des fossiles et son œuvre incita plusieurs grands esprits à étudier ces disciplines. Parmi eux on relève les noms prestigieux de Léonard de Vinci et de Bernard Palissy. Jusqu'à eux on croyait que les animaux fossiles n'avaient pas vécu là où on les avait trouvés, mais qu'à l'époque du déluge la mer les y avait transportés.

Léonard de Vinci contre le déluge

Léonard de Vinci s'éleva contre cette opinion. « On ne peut qu'admirer, ironise-t-il, la sottise et la simplicité de ceux qui veulent que ces coquilles aient été apportées par le déluge. Si c'était le cas, elles seraient jetées au hasard, confondues avec d'autres objets, tous à une même hauteur. Or, les coquillages sont déposés par paliers successifs ; on les trouve au pied de la montagne comme à son sommet ; quelques-uns sont encore attachés au rocher qui les portait. Ceux qui vivent en sociétés, huîtres, moules, sont groupés ; les solitaires se trouvent de distance en distance, tels que nous les voyons aujourd'hui sur le rivage de la mer. » En fait Léonard de Vinci est un des premiers à comprendre la science de la stratigraphie, c'est-à-dire celle des différentes couches superposées dans un même terrain.

« Les montagnes où sont les coquillages, conclut-il, étaient jadis des rivages battus par les flots, et depuis elles se sont élevées à la hauteur où nous les voyons aujourd'hui. »

A la fin du XVIe siècle, au moment où se constituent les premières grandes collections de fossiles, telle celle du pape Sixte Quint au Vatican, et les premiers catalogues dont le plus célèbre fut celui du Bolonais Aldrovandi, qui comprenait 87 volumes, un simple émailleur périgourdin, Bernard Palissy, confirmait lui aussi l'opinion de Léonard de Vinci. Dans ses pérégrinations le long du littoral de la Saintonge ou dans ses visites aux carrières, mines, grottes et cavernes de toutes sortes, il avait collecté un grand nombre de fossiles sur lesquels il émet de justes conclusions. En 1720, l'écrivain Fontenelle dira ses mérites : « Un potier de terre, qui ne savait ni latin, ni grec, fut le premier, vers la fin du XVIe siècle, qui osa dire dans Paris et à la face de tous les docteurs que les coquilles fossiles étaient de véritables coquilles déposées autrefois par la mer dans les lieux où elles se trouvaient, alors que des animaux et surtout des poissons avaient donné aux pierres figurées leurs différentes figures, et il défia hardiment toute l'école d'Aristote d'attaquer ses preuves. »

Au XVIIe siècle, curieusement, on assiste à une régression dans le domaine de la connaissance de l'origine des fossiles. Un Anglais, Edouard Lwhyd, pourtant l'auteur d'un excellent répertoire de 1500 fossiles animaux et végétaux, enseignait qu'il ne s'agissait pas de plantes et d'animaux réels, mais simplement de « jeux de la nature », qui se plaisaient à reproduire dans la pierre des formes animales ou végétales ! En 1696 l'Académie des médecins de la ville allemande de Gotha donnait la même explication au sujet du squelette d'un éléphant découvert à Erfurt, dans la campagne de Thuringe ! L'appui le plus illustre que reçurent ces élucubrations fut celui de Voltaire, champion inattendu de l'obscurantisme scientifique. Après s'être moqué de Bernard Palissy, il n'hésite pas à écrire que les coquilles fossiles retrouvées en France étaient tout simplement les restes de coquilles rapportées par les pèlerins de retour de Syrie ou de Saint-Jacques de Compostelle. Il défendait aussi la théorie des « jeux de la nature ».

Il écrit dans les « Questions philosophiques » : « Je ne nie pas qu'on ne rencontre à cent mille de la mer quelques huîtres pétrifiées, des coques, des univalves, des productions qui ressemblent parfaitement aux productions marines, mais est-on bien sûr que le sol de la terre ne peut enfanter des fossiles ? Un arbre n'a point produit l'agate qui représente parfaitement un arbre; la mer peut aussi n'avoir produit ces coquilles fossiles qui ressemblent à des habitations de petits animaux marins. »

Un professeur victime d'un canular

Au même moment un savant professeur de Wurzbourg, Johann Beringer, grand collectionneur de fossiles, fut victime d'un canular. Ses élèves qui connaissaient sa passion se mirent à sculpter dans la pierre toutes sortes de figures fantastiques qu'ils répandirent dans la campagne environnante. Le malheureux Beringer les retrouva et ne manqua pas de publier un répertoire illustré de ses découvertes; lorsque la supercherie fut découverte il ne lui resta plus qu'à racheter le plus grand nombre possible d'exemplaires de son ouvrage!

Heureusement la paléontologie pouvait s'enorgueillir de l'apport de Robert Hooke, un physicien anglais qui eut le mérite de prévoir les doctrines de l'évolutionnisme. « Il peut y avoir eu diverses variétés issues d'une même espèce, écrivait-il en 1705, et cela par un changement du sol, car nous savons que la variation du climat, du sol et de la nourriture produit souvent un changement chez ceux des corps qui ont à les supporter. C'est ainsi que des chiens ou des chèvres changent d'aspect suivant le climat et la nourriture auxquels ils sont soumis. Si ces animaux étaient transportés dans d'autres lieux, il est à prévoir qu'il s'ensuivrait des variations. »

Il appartint à un naturaliste danois, Nicolas Sténon, de définir les principes de la recherche paléontologique. Selon lui, les couches dont est formée l'écorce terrestre proviennent de la sédimentation (1) marine et comportent des fossiles d'origine marine. En outre il constate que les couches successives se sont empilées les unes sur les autres, les plus anciennes se trouvant toujours au niveau inférieur. Si les couches ne sont pas horizontales, c'est qu'elles ont subi des bouleversements. Cette théorie présupposait une grande durée pour expliquer la formation des différentes couches de sédiments.

La petite révolution de Buffon

C'est Buffon qui allait en tirer toutes les conséquences. Le premier il allait établir une chronologie géologique à partir des explications de Sténon sur le phénomène de la sédimentation. Sa grande œuvre «Les Epoques de la Nature» paraît en 1778, onze ans avant la Révolution, mais à elle seule, elle crée une petite révolution dans les milieux scientifiques. Pour la première fois un homme évoquait l'âge de la Terre sans tenir compte des explications de la Bible. «Les couches stratifiées résultent d'une sédimentation dans les eaux qui s'est prolongée pendant des millénaires et non pas seulement pendant les 40 jours du Déluge. Elles se sont déposées parallèlement les unes sur les autres» et il n'hésitait pas à proclamer que la Terre était vieille de 75000 ans, ce qui pour l'époque était révolutionnaire. «Pourquoi, s'écriait-il, cent mille ans sont-ils plus difficiles à

1. *Dépôt naturel généralement lent, formé par les mers. Tous les dépôts existant sur l'écorce terrestre, à l'exception des produits du volcanisme, sont tous d'origine sédimentaire.*

compter que cent mille livres de monnaie? Le seul moyen est... de se faire des aperçus sur le nombre de siècles qu'il a fallu pour produire tous ces animaux à coquille dont la terre est remplie, ensuite sur le nombre encore plus grand de siècles qui se sont écoulés pour le transport et le dépôt de ces coquilles, enfin sur le nombre des autres siècles subséquents, nécessaires à la pétrification et au dessèchement de ces matières, et dès lors on sentira que cette énorme durée de 75000 ans, que j'ai comptée depuis la formation de la terre jusqu'à son état actuel, n'est pas encore assez étendue pour tous les grands ouvrages de la nature, dont la construction nous démontre qu'ils n'ont pu se faire que par une succession lente de mouvements réglés et constants.»

Pour conforter ces dires Buffon citait l'exemple d'une colline argileuse de mille toises de haut et en calculant le temps nécessaire à la formation des différentes couches sédimentaires il trouve une durée de 14000 ans. Buffon par sa seule réflexion, et en se basant sur les découvertes de ses prédécesseurs, ouvre la voie aux chercheurs du XIXe siècle.

Le premier il a pris conscience du grand âge de notre planète: «Lorsqu'on examine en détail la composition des ouvrages de la nature, chaque point de cette analyse augmente la durée et recule la limite de ce temps trop immense pour l'imagination et néanmoins trop court pour notre jugement.»

Le premier aussi, il a établi que bien des espèces animales sont entièrement éteintes et qu'elles n'existent plus qu'à l'état de fossiles; il avait également compris en constatant l'identité de leur faune que jadis le continent euro-asiatique et le continent américain avaient été unis; surtout il a formulé avec clarté les prémisses des théories de l'évolution. «La forme des espèces animales n'est pas inaltérable, elle peut varier et même se changer complètement, suivant le milieu où elles vivent. Les espèces les moins parfaites, les plus délicates, les plus pesantes, les moins agissantes, les moins armées, ont déjà disparu ou disparaîtront avec le temps.»

Les savants à l'ouvrage

Un autre contemporain de Buffon, l'abbé Giraud-Soulavie mit en pratique ces théories et fut le premier fondateur de la paléontologie scientifique. Dans sa «Géographie de la Nature ou Distribution naturelle des trois Règnes» (1780) et dans l'«Histoire naturelle de la France méridionale» (1784) il classe les êtres organisés dans le temps en tenant compte de l'ancienneté des différentes couches de sédiments selon leur situation, Il ambitionne d'écrire une histoire chronologique des animaux fossiles et vivants, établie par des faits incontestables. «Les plantes inconnues, renfermées dans les ardoises les plus anciennes et les coquillages marins renfermés dans les marbres primitifs ont occupé les premiers l'empire des mers et des terres. Parmi les coquilles, il y a des familles qui ont existé avant d'autres, parmi les végétaux, comme parmi les animaux, la nature a multiplié les familles, qu'elle a toujours perfectionnées de plus en plus en opérant d'abord le plus simple et ensuite le plus composé.»

A la fin du XVIIIe siècle tout était dit. Il ne restait plus aux futurs savants qu'à se mettre à l'ouvrage. Vingt-cinq ans après les théories de l'abbé Giraud-Soulavie, Alexandre Brongniart (1770-1847) allait étudier les fossiles trouvés dans les sols du bassin parisien. Initiateur de Cuvier, ses ouvrages « Description géologique des environs de Paris », « Les caractères zoologiques des formations », « Théorie de la structure de l'écorce terrestre et des terrains qui la composent » allaient donner à la géologie et à l'étude des fossiles leurs lettres de noblesse et les faire accéder au rang des sciences de la nature. Après Brongniart et Cuvier les paléontologues pourront dresser l'arbre généalogique des êtres vivants depuis l'apparition sur terre des premiers organismes animés jusqu'au plus parfait de ces animaux: l'homme, nous-mêmes.

La science des fossiles sur laquelle se penchent les savants spécialistes de ce savoir que sont les paléontologues, étudie toute l'histoire de la vie sur la terre qui recouvre environ 500 millions d'années. C'est ce qu'on appelle habituellement le Phanérozoïque, c'est-à-dire la période où la vie s'est révélée à nous par des vestiges fossilisés.

La Terre avant la vie

Nous avons déjà parlé de l'Azoïque, ce long passé de la Terre où aucune vie n'existait encore et qui a duré de 4 à 5 milliards d'années jusqu'à 2 milliards 700 millions d'années où commence la période cryptozoïque, celle de la vie encore cachée, fragmentaire dont nous connaissons seulement quelques bribes: algues, cryptogames, etc. Ce

Cryptozoïque va durer 2 milliards 200 millions d'années et s'achever voici 510 millions d'années, moment où débute le Phanérozoïque sur lequel nous sommes mieux renseignés et dont les fossiles vont permettre aux savants de diviser les différentes époques en grandes tranches. On distingue d'abord quatre grandes époques, quatre ères de durée fort différente. L'ère primaire ou Paléozoïque la plus longue (328 millions d'années) c'est, si l'on veut, l'« Antiquité » de l'histoire de la vie et cependant il ne faut pas oublier que lorsqu'elle commence les neuf dixièmes de l'histoire de notre globe terrestre se sont déjà écoulés. C'est l'époque de la vie dans les océans où dominent les coraux, les éponges, les étoiles de mer, les crustacés, les limaces. C'est alors qu'apparaissent aussi les poissons, les amphibies, mais il n'y a pas encore de mammifères. Les premiers reptiles eux-mêmes n'étant présents qu'à la fin de l'ère primaire.

L'ère secondaire ou Mésozoïque (122 millions d'années) représente le Moyen Age, c'est l'ère de l'épanouissement des amphibies, des reptiles avec les géants de la famille, les étranges et mystérieux dinosaures. L'ère tertiaire ou Cénozoïque, correspond à nos Temps modernes. Il dure 60 millions d'années, c'est l'époque des mammifères. Nés à l'ère secondaire, ils ont mené jusque-là une existence précaire, mais à partir du Tertiaire ils vont remplacer la plupart des autres espèces terrestres et devenir prépondérants. Enfin le Quaternaire est notre époque contemporaine et les phénomènes qui dominent cette époque, ce sont les grandes glaciations et, bien entendu, l'apparition de l'*Homo sapiens*, notre ancêtre direct.

Examinons maintenant chacune de ces grandes périodes. Les ères primaire, secondaire, tertiaire et quaternaire sont elles-mêmes subdivisées en systèmes correspondant à plusieurs couches stratigraphiques dans lesquelles on trouve des fossiles semblables.

Ere primaire

Le Cambrien de 510 à 430 millions d'années. Cette énorme période de 80 millions d'années est caractérisée par des sédiments d'une énorme épaisseur allant jusqu'à 3000 mètres. On les trouve principalement en Europe septentrionale: Scandinavie, Ecosse, Pays de Galles (dont le nom romain: Cambria a donné son nom au système), Ardennes, Thuringe, Silésie. La vie était alors uniquement marine; sur le fond des océans qui se situaient sur la partie du territoire actuel de l'Europe, on remarquait des éponges avec un squelette formé de silice; des éponges curieuses en forme de cône creux avec deux parois emboîtées, les Archéocyatidés, étaient fixées sur le fond de la mer par des fibres. Ces éponges que l'on peut rapprocher de nos éponges calcaires étaient répandues alors dans tous les océans du globe. Elles étaient aussi abondantes que diverses puisque les paléontologues n'en comptent pas moins de 16 familles et plus de 500 espèces. Mais ces éponges primitives disparaissent avant la fin du Cambrien, et furent remplacées par la cohorte conquérante des éponges siliceuses.

Cette «guerre des éponges» pose pour la première fois la question du pourquoi de l'extinction des espèces. Pourquoi en effet ces Archéocyatidés ont-ils disparu alors que d'autres éponges se sont maintenues jusqu'à nous ?

La « guerre des éponges »

Nous retrouverons cette lancinante interrogation à propos de la mort des dinosaures, mais en ce qui concerne les éponges on en est réduit aux hypothèses. Peut-être des changements dans le plancton marin les privèrent-elles de nourriture ; furent-elles étouffées par la prolifération des algues et des autres variétés d'éponges ?... On ne sait, mais ce qui est certain, par contre, c'est que les éponges comptent parmi les plus vieux organismes vivants du monde. Sur les fonds marins du Cambrien, parmi les éponges et les algues, rampaient de curieux crustacés munis de piquants ou d'antennes qui se déplaçaient en marchant ou en nageant, on les nomme trilobites, car leur corps de forme ovale était composé de trois parties soudées entre elles : la tête, le thorax et la queue ou pygidium, munie d'une épine. Ces trilobites ressemblaient assez précisément à nos actuels cloportes. Les restes fossiles très nombreux, car on appelait les mers du Cambrien, les mers à trilobites, ont permis de reconstituer leur organisation interne. Ces crustacés étaient munis d'yeux, d'un estomac, d'un intestin ; on a reconnu également des traces de glandes et de vaisseaux sanguins. Leur genre de vie paraît s'être déroulé dans des milieux peu éclairés et pauvres en matières nutritives (vase et microplancton).

Ces trilobites eurent une existence fort longue du

Cambrien au Permien, c'est-à-dire 250 millions d'années, et bien entendu ils évoluèrent et changèrent de forme au cours de cet énorme laps de temps. A titre indicatif et pour donner un exemple de l'infinie variété des formes de vie qui régnaient voici 500 millions d'années, nous citerons quelques-unes des familles de trilobites qui peuplaient les mers cambriennes: Eodiscidés, Agnostidés, Olénellidés, Ellipsocéphalidés, Paradoxididés, Ptychoparidés, Conocoryphidés, Olénoïdés, Proétidés, Asaphidés, Illaenidés, Colyménidés, Phacopsidés, Trinucléoïdés...

Après le Cambrien, ses mers à éponges et à trilobites, on trouve l'Ordovicien qui s'étend lui aussi sur 80 millions d'années (de –430 à –350). Là aussi l'histoire romaine a fourni l'appellation puisque les Ordovici étaient une tribu qui vivait au Pays de Galles. L'Ordovicien a une autre amusante particularité. Il fut créé pour départager deux savants anglais Sedgwick et Murchison qui se disputaient au sujet d'une formation que l'un datait du Cambrien et l'autre du Silurien. Un troisième larron, un autre savant britannique en l'occurrence, le professeur Lapworth, la baptisa lui-même et l'appela Ordovicien, ce qui mit tout le monde d'accord.

Un paysage de cauchemar

Le temps de l'Ordovicien est troublé par des éruptions volcaniques sous-marines et par l'émergence d'îles ou d'îlots produits par l'exhaussement de cônes volcaniques. Des coulées de lave, des cendres volcaniques ont été repérées par les paléontologues parmi les formations sédimentaires de cette époque.

L'Ordovicien est l'époque par excellence des mollusques à coquille et notamment des Brachiopodes. Aujourd'hui encore on trouve sur les plages des Brachiopodes qui n'ont pas changé depuis 400 millions d'années, tel le Lingula qui est un des animaux les plus conservateurs du monde. Le Silurien qui dure 37 millions d'années (–350 à –313 millions d'années) voit notre continent européen commencer à émerger des eaux. C'est alors que se forment le grand continent boréal, les îles Hébrides, puis l'Irlande, le Pays de Galles, l'Ecosse, la Norvège, la Bretagne, les Ardennes, une partie de l'Allemagne. Le Silurien voit les coraux envahir les mers du globe et ces organismes ne cesseront plus de proliférer jusqu'à nos jours. Avec les coraux, d'étranges animaux évoluaient dans les mers siluriennes qui auraient présenté, si nous avions vécu alors, un paysage de cauchemar. Des espèces de scorpions d'eau, des géants de 2 mètres, au corps aplati et articulé muni de nombreuses pattes et pinces, peut-être descendants des trilobites, les Ptérygotides (on en a retrouvé à Liévin, dans le Pas-de-Calais), voisinaient avec des Euryptérides qui possédaient en guise de queue un long piquant. Actuellement un animal de cette dernière famille existe toujours, il s'agit du crabe des Moluques, commun aussi bien aux îles de la Sonde que sur la côte Pacifique du Mexique.

Ces crabes se fixent au fond de la mer grâce à ce piquant et dans cette position ils attrapent leurs proies qu'ils tuent avec leurs pinces reliées à une poche à venin ; on en a conclu que les Euryptérides se nourrissaient de la même manière.

Ces animaux d'abord uniquement marins s'adaptèrent bientôt aux eaux douces ou saumâtres des mares et marécages. Il faut signaler qu'à la période suivant un Euryptéride, le plus grand de tous, véritable pirate des mers, mesurait jusqu'à 3 mètres de long.

Malgré leur grande taille les scorpions aquatiques géants disparurent après avoir vécu environ 150 millions d'années. Il semble que cette disparition soit due aux poissons qui envahirent à partir du Silurien les océans, reléguèrent les Euryptérides dans les eaux terrestres avant de les chasser de ce dernier refuge. Le triomphe des poissons s'explique par leur meilleure adaptation au milieu aquatique, leurs nageoires étant mieux adaptées à la natation que les pattes des scorpions géants. Une autre famille, celle des oursins, explose également au Silurien.

Il y a donc une effervescence de vie dans les eaux des mers de cette époque: éponges, coraux, scorpions géants, oursins et les premiers poissons.

Un événement capital

Le Dévonien plus long que le Silurien, 58 millions d'années (de –313 à –255 millions d'années) est une époque importante puisqu'elle voit l'émergence de nouvelles terres, mais aussi une détérioration du climat qui entraîne la formation des déserts; d'ailleurs la végétation est encore très peu développée. Le Dévonien est intéressant à un autre titre puisqu'il voit l'apparition des premiers animaux vertébrés, dotés d'un squelette.

Le Dévonien c'est d'abord l'émergence d'une vaste masse continentale qui recouvrait tout le nord de l'Europe ; c'est ainsi que l'on aurait pu aller à pied sec de Grande-Bretagne en Norvège, au Danemark ou aux Pays-Bas, mais aussi au Groenland ou en Amérique du Nord. Les sédiments subsistants étaient en majeure partie composés de grès rouge ce qui a fait donner à ce continent du Dévonien le nom de Vieux grès rouge (Old Red Sandstone Continent). Les paysages de ce continent du Grès rouge étaient quasiment désertiques, peut-être à cause du climat, peut-être simplement à cause de la rareté de la végétation qui était encore peu développée. Les terres du Dévonien ressemblaient fort à celles de notre Sahara, avec ici et là des buissons de plantes composées simplement d'une tige unique avec des feuilles, des fougères, des mousses, il existait également de petits végétaux sans aucune feuille.

Sur ces terres pauvres en végétation un événement capital va se produire. Pour la première fois en effet des animaux vertébrés font leur apparition. Il s'agit des premiers poissons avec un squelette externe et une mâchoire, les Placodermes. Ces poissons possédaient des nageoires verticales et ventrales ; le géant de l'espèce était le Dinichthys, de 8 mètres de long, au corps recouvert de plaques osseuses. D'autres poissons plus petits lui servaient de proie, notamment les Cladoselaches qui sont les ancêtres de nos requins et de nos raies.

La houille est le produit de débris végétaux qui ayant perdu leur eau et leurs gaz se sont ainsi transformés. La période du Carbonifère (–255 à –203 millions d'années) est caractérisée par la formation de grands dépôts houillers, c'est aussi au Carbonifère que les plantes continuent leur conquête de la terre. Des arbres gigantesques pouvant atteindre trente mètres de haut, des lépidodendrons, avaient un tronc qui semblait recouvert d'écailles et qui se terminait en forme de fourche.

De grandes fougères, des cordaïtes de 40 mètres étaient les végétaux les plus communs.

Avec le Permien (–203 à –182 millions d'années) se termine l'ère paléozoïque, c'est-à-dire l'Antiquité de la vie. C'est alors que s'exhaussent les massifs montagneux allant du Massif central français aux montagnes de Tchécoslovaquie. Le Permien est aussi une époque de basse température, une époque glaciaire. Des traces de glaciers géants ont été retrouvées et elles prouvent l'existence d'énormes calottes glaciaires et d'un climat polaire. Or ces vestiges ont été trouvés aussi bien en Australie qu'en Inde, dans le sud de l'Amérique et en Afrique australe. Il paraît à première vue impossible que des glaciers aient existé si près de la région équatoriale. D'autre part on possède la certitude qu'une flore et une faune de pays chauds, impliquant l'existence de climats tropicaux et désertiques, prospéraient en différentes parties du globe. Le problème serait insoluble sans la célèbre théorie de la dérive des continents de Wegener (1) qui permet seule d'en donner une explication satisfaisante.

1. *Voir le chapitre sur la dérive des continents.*

L'énigme des glaciations

Lorsque l'on considère une carte où Wegener a rassemblé la masse continentale du Paléozoïque, dite Pangée, on s'aperçoit que les régions comportant des glaciers permiens et dispersées maintenant sur les cinq continents, se trouvaient réunies en un unique ensemble situé au pôle Sud. La théorie du génial Wegener explique donc l'énigme des glaciations du Permien qui avaient constitué jusque-là un véritable casse-tête pour les géologues.

Avec le Trias qui s'étend sur 30 millions d'années (de –182 à –152 millions d'années) nous entrons dans le Moyen Age de la vie, dans l'ère secondaire ou Mésozoïque. Moyen Age de la vie, car les êtres animés de l'ère primaire étaient uniquement des êtres aquatiques vivant surtout dans la mer et quelques-uns dans les mares ou marécages. Au Trias un pas décisif va avoir lieu, les êtres vivants vont conquérir les terres. Cette conquête sera définitive et aujourd'hui encore notre globe appartient aux descendants de ces premiers conquérants. Les Amphibiens dominent le Trias, mais avant que des animaux de cette sorte aient pu sortir des eaux et s'adapter à la vie terrestre, une évolution d'une centaine de millions d'années a été nécessaire. Il a fallu en effet que l'animal terrestre remplace les branchies des poissons par les poumons, ses nageoires, instruments rudimentaire de locomotion, par des membres inférieurs capables de supporter le poids du corps et de le mouvoir, son organisation génétique par une autre plus perfectionnée lui permettant de protéger sa progéniture, le poisson n'ayant que le souci de la ponte de ses œufs, etc.

Tout a commencé en réalité à la fin du Dévonien, vers –250 millions d'années, lorsqu'un poisson a donné naissance à un amphibien capable de vivre hors des eaux. L'ordre des poissons dont sont issus les premiers animaux terrestres est celui des Crossoptérygiens. Jusqu'à une époque toute récente les savants croyaient que tous les poissons de cette famille étaient éteints depuis le Crétacé, c'est-à-dire depuis environ une centaine de millions d'années. Or voici peu on a découvert plusieurs représentants de cette famille, pêchés sur la côte de l'Afrique australe, baptisés Latimeria, mais plus connus sous le nom de Cœlacanthes et qui ont soulevé une grande émotion au moment de leur découverte. Cette trouvaille sensationnelle et inattendue faite pour la première fois en 1938 a mis les cœlacanthes à la mode mais aujourd'hui les paléontologues sont affirmatifs : si les cœlacanthes sont bien des Crossoptérygiens, ils n'en sont pas pour autant les ancêtres des amphibiens et par conséquent les nôtres.

La sortie des eaux

Cet honneur appartient en réalité à un autre groupe des Crossoptérygiens, celui des Rhipidistiens. Ces ancêtres étaient des poissons carnassiers, rapides et abondants dans les eaux douces du Permien, leur taille allait d'une trentaine de centimètres à un mètre. L'évolution d'une famille des Rhipidistiens, les Ostéolépiformes allait donner naissance aux premiers amphibiens connus, les Ichtyostégidés dont le premier gisement fut découvert en 1931 dans une île du Groenland oriental, Ymers, par le paléontologue Säve-Söderbergh. C'était des animaux longs d'un mètre environ d'une forme rappelant beaucoup celle d'un poisson avec une véritable nageoire caudale, mais ayant également quatre pattes munies de cinq doigts. Etudiés par de nombreux savants dont le Suédois Frik Jarvik, les Ostéolépiformes présentaient déjà certaines caractéristiques des amphibiens; le passage des branchies aux poumons, des nageoires aux pattes se fit ainsi presque insensiblement comme le prouve l'analyse anatomique comparée des Ichtyostégidés et des Ostéolépiformes. L'Ichtyostega est bien l'animal intermédiaire qui nous manquait entre les poissons et les amphibiens. Il reste maintenant à comprendre comment et pourquoi ce poisson devint un animal terrestre. Habitant des mares et marais il est probable que l'Ichtyostega prit l'habitude, poussé par la nécessité, de se diriger d'une mare asséchée à une autre qui ne l'était pas. Il put ainsi rester quelque temps à l'air libre et se mouvoir grâce aux structures osseuses de ses nageoires, bientôt transformées en pattes. Mais ces premiers amphibies n'auraient pu vivre longtemps sur terre si, à la même époque et en même temps, une végétation abondante n'avait recouvert les sols des terres émergées. Tout concourait donc à rendre possible la conquête de la surface de notre globe par les espèces animales issues de ces premiers amphibiens qui accomplirent ce pas décisif qu'était la sortie des eaux et la conquête du milieu terrestre, il y a de cela 250 millions d'années.

Au Jurassique (–152 à –127 millions d'années) ainsi nommé parce que cette période fut particulièrement étudiée dans les montagnes du Jura français, la tendance est manifestement à la reconquête des terres par les océans. C'est à cette époque que notre mer Méditerranée connaît sa plus grande extension, surtout en direction du nord. Les savants ont donné le nom de Téthys à cette «grande Méditerranée». Les eaux du Jurassique sont peuplées de nouveaux habitants. On y trouve des Bélemnites, ancêtres de nos seiches et des Teuthoïdes dont sont issus nos calmars.

Le Secondaire, c'est surtout l'ère des reptiles, reptiles nains ou reptiles géants ; ils apparaissent à la fin du Trias, dominent le Jurassique et le Crétacé avant de céder la place, au Tertiaire, à de nouvelles espèces et principalement aux mammifères.

Les reptiles du Secondaire

Par reptile il ne faut pas imaginer des animaux ressemblant à nos serpents. Les reptiles du Secondaire sont bien différents. Cette classe des reptiles fossiles du Mésozoïque est intéressante à plus d'un titre. Nos contemporains ont surtout retenu l'aspect gigantesque de ces animaux, les plus grands à avoir vécu sur la terre, et un chapitre de ce livre leur est spécialement consacré, mais pour les paléontologues leur intérêt est ailleurs. Ils se sont d'abord interrogés sur l'origine des reptiles, puis sur leur évolution ; ils se sont également demandés quels liens les unissaient aux mammifères et aux oiseaux, deux classes d'animaux qui ont conquis après eux l'élément terrestre et aérien du globe. Enfin, ils ont examiné les membres de cette famille qui existent encore aujourd'hui.

Il semble qu'il n'y ait guère de doute en ce qui

concerne l'origine de la classe des reptiles ; tous les spécialistes sont d'accord, pour reconnaître qu'ils descendent des amphibiens qui, nous l'avons vu, avaient envahi la terre au début du Secondaire. On fait remonter leur origine aux confins du Carbonifère et du Permien, soit il y a 200 millions d'années, lorsque fut trouvé dans des sédiments de cette époque conservés dans le Texas près de la ville de Seymour, les restes fossilisés d'un petit animal ressemblant à un gros lézard et baptisé aussitôt Seymouria. Le Seymouria rassemble des caractères anatomiques empruntés aux amphibiens et particulièrement aux stégocéphales issus directement des premiers amphibiens, les Ichtyostégidés. Son système respiratoire lui permettait de respirer à la fois à la manière d'une grenouille et d'un animal purement terrestre. Les seymouriamorphes sont des animaux intermédiaires entre les amphibiens et les reptiles dont ils sont proches de certaines espèces primitives, telle celle des Cotylosauriens.

Ces reptiles primitifs apparus au Permien, s'éteignirent au Trias, leurs pattes arrière adaptées à la nage permettant de penser qu'ils menaient une vie en partie aquatique, leurs dents qu'ils étaient des carnivores. Leur forme lourde et trapue les rattache aux amphibiens. Les Pélycosauriens qui leur succédèrent sont également carnivores comme tous les reptiles primitifs. Au début du Secondaire les plantes étaient encore peu nombreuses, de grandes étendues sablonneuses et désertiques étaient parsemées de petites oasis. Parmi les plantes de cette époque existaient déjà des conifères, des araucarias, des fougères et des prêles. Ceci explique qu'aucun herbivore n'était encore apparu et que les premiers reptiles étaient tous des carnivores dotés de solides mâchoires pour s'entre-dévorer et déchirer leur proie.

Des utilisateurs de l'énergie solaire

Deux animaux parmi ces Pélycosaures sont particulièrement remarquables: le Dimetrodon et l'Edaphosaure. Le premier, sorte d'énorme caméléon, pouvait atteindre plus de 3 mètres de long et pesait 250 kilos. Sur son dos il déployait une étrange membrane en forme de voile soutenue par des pointes épineuses très longues, un peu à la manière d'un éventail. Cet ornement semble avoir eu pour fonction de régler la température interne de l'animal. Il en allait de même pour l'Edaphosaure, amateur de mollusques qui a été retrouvé en Amérique du Nord et en France, près d'Autun. Ce sont les premiers animaux à sang froid à avoir utilisé l'énergie solaire pour se chauffer. Le matin, leur « voile » déployée vers le soleil réchauffait leur corps, en pleine chaleur du jour elle était orientée différemment et recevait alors un minimum de rayonnement.

Il ne faut pas oublier non plus de mentionner les Lystrosaures, des énormes bêtes, ressemblant à de monstrueux hippopotames qui hantaient les marais et les fleuves du Trias. On les a retrouvés en Afrique du Sud, en Chine, dans les provinces de Shansi et du Sinkiang, au Laos et jusqu'en Antarctide, à 600 kilomètres du pôle Sud, autre preuve, s'il en était besoin, de la réalité de la dérive des continents.

Ces reptiles sont appelés le plus souvent, pseudo-mammifères, car ils présentaient des caractères tels ceux de la denture qui seront plus tard représentatifs de cette famille. Le Cynognathus d'Afrique du Sud dont le crâne ressemblait à celui d'un gros chien, et les Ictidosauriens, de la taille d'une belette, sont les plus proches parents des mammifères que nous connaissions chez les reptiles, et forment sans aucun doute le chaînon manquant entre l'ordre des reptiles et celui des mammifères.

On peut alors se demander pourquoi les mammifères nés on le voit au Trias, c'est-à-dire au début du Secondaire, durent attendre le commencement de l'ère tertiaire, plus de 150 millions d'années, pour dominer la vie sur la terre. L'explication est fournie par la réussite d'un autre groupe de reptiles, celui des dinosaures, qui va provoquer la disparition des pseudo-mammifères, pour ne laisser subsister durant tout le Secondaire que de petits mammifères de la taille d'un rat. Ceux-ci d'ailleurs ne purent survivre qu'en se cachant le jour pour échapper à ces terribles chasseurs que furent souvent les dinosaures, et en s'habituant à la vie nocturne, ce qui était possible à ces petits animaux à sang chaud qui n'avaient plus besoin comme le Dimetrodon ou l'Edaphosaurus, disparus depuis longtemps, de « hisser » une voile encombrante pour se réchauffer.

Le long cou de cygne des Plésiosaures

Les Dinosaures (1) pour spectaculaires qu'ils soient ne doivent pas faire oublier les autres variétés de reptiles qui peuplaient les airs et les eaux du Secondaire. Nombreux en effet furent les reptiles qui retournèrent à l'élément aquatique abandonné jadis par leurs ancêtres les Amphibiens. Les reptiles marins, aujourd'hui réduits aux crocodiles et aux tortues marines, étaient nombreux au Secondaire.

Les Ichtyosaures possédaient selon Cuvier « un museau de dauphin, des dents de crocodile, une tête et un sternum de lézard, des pattes de cétacé, enfin des vertèbres de poisson ». Ils possédaient sans contredit la forme du poisson, et leurs quatre membres réadaptés à la vie aquatique s'étaient transformés en palettes natatoires. Ils se mouvaient dans l'eau par des ondulations de tout le corps et possédaient également une nageoire dorsale et une nageoire caudale. Des expériences dues aux techniques aérodynamiques ont permis de se faire une image de cet animal vivant. Dans l'eau la moitié supérieure du corps émergeait soutenue par les membres antérieurs, la queue faisant office de propulseur. Ils ne pouvaient plonger que difficilement.

Carnivores, ils chassaient leurs proies en surface, et l'on a surtout retrouvé dans leurs squelettes des restes de calmars et de seiches. Les Plésiosaures aux pattes de cétacé et à la tête de lézard, avec un long cou semblable au corps d'un serpent, ont côtoyé les Ichtyosaures durant tout le début du Secondaire.

1. *Ils seront étudiés séparément dans le chapitre suivant ainsi que les causes de leur disparition.*

De petite taille au début de leur évolution, ils atteignirent au Crétacé 15 mètres de long avec la variété Elasmosaurus, le plus grand de tous les Plésiosaures. Son long cou de cygne très flexible occupait les deux tiers de la longueur totale de son corps. Les Plésiosaures n'étaient pas des nageurs très rapides, mais leurs réflexes de chasseurs étaient particulièrement développés. Leur cou, véritable tentacule d'une grande agilité, était capable d'attraper tous les poissons en pleine course. Ils sillonnaient toutes les mers du globe, aussi bien les a-t-on retrouvés aux Etats-Unis, en Angleterre comme en Nouvelle-Zélande. Un troupeau de Plésiosaures flottant sur les océans du Secondaire, ressemblaient à des cygnes ou à des drakkars évoluant sur une surface liquide. Comme les Ichtyosaures, les Plésiosaures ne pondaient pas d'œufs, c'était des animaux ovovipares (1).

Un moment capital dans l'histoire de la Terre

L'apogée des reptiles et des mammifères se situe à la jonction du Jurassique et du Crétacé. Le Crétacé va durer 67 millions d'années (de –127 à –60 millions d'années) et clôturer l'ère secondaire. Cet énorme laps de temps est capital pour l'histoire de notre Terre ; c'est alors que se crée le monde tel que nous le connaissons aujourd'hui. Au début rien pourtant semble n'avoir changé ; le climat est resté le même qu'au Jurassique, chaud et humide, les reptiles dominent toujours le monde animal, la

1. *Animaux chez lesquels l'œuf éclot dans le sein même de la mère.*

végétation se modifie quelque peu avec les plantes à fleurs et l'apparition de nouvelles espèces d'arbres, espèces qui nous sont encore bien familières avec les chênes, magnolias, platanes, lauriers ou séquoias alors que survivaient conifères et araucarias.

L'évolution de la croûte terrestre fut le changement le plus considérable de cette époque, c'est alors qu'éclatèrent nos continents. La Pangée primitive se scinde définitivement. L'Atlantique Sud se formait et l'Amérique du Sud se disjoignait de l'Afrique et de l'Antarctide. L'Amérique du Nord, encore reliée à l'Asie, se séparait de l'Europe. Le sous-continent Indien séparé de l'Afrique et de l'Australie commençait sa remontée vers le Nord avant d'aller rejoindre la masse asiatique; enfin l'Europe se détachait de l'Afrique. Cette séparation des divers ensembles continentaux, allaient avoir des conséquences majeures pour l'évolution des espèces animales, et d'abord des dinosaures. Tandis que l'Afrique et l'Eurasie restaient dans une zone climatique tropicale, en Amérique du Sud, en Australie et dans l'Antarctide régnait un climat plus froid.

Les dinosaures des continents du Sud subirent peu de transformations et survécurent jusqu'au début du Tertiaire; au Nord, par contre, ils évoluèrent rapidement et donnèrent naissance à des formes très diverses et très spécialisées.

Au début l'Atlantique n'était qu'un étroit bras de mer et plusieurs espèces animales purent ainsi passer sur des sortes de radeaux naturels d'un continent à l'autre. Ces transformations de la surface furent accompagnées de grands tremblements de terre, de phénomènes volcaniques et de raz de marée.

Le temps des mammifères et des oiseaux

Dans ce monde en pleine mutation, deux espèces animales commençaient leur lente conquête et après la brutale disparition des dinosaures, elles allaient à leur tour dominer. Il s'agit des mammifères et des oiseaux, et leur règne n'a pas cessé jusqu'à nos jours. L'ère tertiaire qui dure 60 millions d'années est leur époque par excellence.

Le plus vieil oiseau dont on ait retrouvé les restes fossilisés dans les calcaires de Bavière, à Solenhofen, l'Archaeopteryx, est une sorte d'animal ailé archaïque, de la grosseur d'un pigeon. Il avait des plumes comme un oiseau, mais aussi des dents et des griffes au bord des ailes, qui l'apparentent manifestement aux reptiles. Toutefois l'Archaeopteryx n'est pas le chaînon intermédiaire entre le reptile et l'oiseau; il est déjà lui-même un oiseau évolué et il permet simplement d'affirmer que les oiseaux sont bien issus des reptiles. Il nous manque les formes intermédiaires; peut-être les paléontologues les découvriront-ils un jour, quoique les oiseaux se fossilisent mal, ce qui explique que nous possédions peu de renseignements sur leurs plus anciennes manifestations. Au Crétacé, on trouve de nombreux reptiles volants tels l'Ichtyornis, sorte de mouette au vol rapide, qui se nourrissait de poissons. De même, l'Hesperornis, qui ressemblait à un plongeon actuel, ne volait pas; bon nageur et bon plongeur, l'Hesperornis qui atteignait 1 mètre de haut, possédait des dents et un long cou avec lequel il attrapait ses proies.

C'est au Crétacé qu'apparaissent également les insectes sociaux, les termites et les abeilles attirées par l'abondance des plantes à fleurs, et les premiers vrais serpents, des sortes de pythons primitifs. Crocodiles et tortues prospéraient également, ainsi que des lézards marins géants proches parents du grand varan de Komodo, qui existe toujours.

Un rhinocéros de 6 mètres de haut

Mais le Tertiaire est avant tout la période du triomphe des mammifères. Dès le Secondaire les premiers animaux de cette espèce étaient parvenus à rassembler nombre de progrès réalisés isolément par certains reptiles. Les mammifères se trouvèrent dotés ainsi d'une denture et d'une mâchoire spécialisées, d'un cerveau plus développé, de muscles faciaux permettant d'exprimer des émotions, etc. Durant toute l'époque dominée par les grands reptiles, ils passèrent, on l'a vu, inaperçus. Leur discrétion toutefois n'empêcha pas leur grande diversité; on trouve parmi eux aussi bien des sortes d'ornithorynques, que des petits animaux rappelant des rats ou des écureuils, les Allothériens. Auprès de ces rongeurs on trouvait aussi des carnivores, les Triconodontes, pas plus grands que des chats. Lorsque les reptiles disparurent, partout les mammifères se substituèrent à eux. Le plus grand qui ait vécu à la surface du globe est le Baluchitherium, un énorme rhinocéros, découvert pour la première fois en 1911 au Béloutchistan, et qui mesurait 6 mètres de hauteur pour 8 mètres de long (1). Il existait également des éléphants géants comme le Dinothe-

1. *Les girafes ne dépassent pas 5 mètres 30.*

rium haut de 5 mètres et des tatous gigantesques, comme le Glyptodon d'Amérique du Sud qui vécut au Miocène et au Pliocène (de –29 à –1 million d'années). On connaît bien en France cette faune fossile du Tertiaire car les gisements ont été retrouvés nombreux aussi bien en Champagne, qu'à Meudon, à La Fère dans l'Aisne, près d'Argenton dans l'Indre, à Lissieu dans le Rhône, mais aussi dans le Gers, le Var, le Vaucluse, etc. Un des plus célèbres est celui de Montmartre étudié par Cuvier qui put dès lors entreprendre ses grands travaux de paléontologie. Dans les carrières de gypse montmartrois les découvertes furent abondantes. On y trouva plusieurs Palaeotherium, des herbivores au corps de cheval et à la tête de tapir, des canidés, des tortues, des crocodiles, des chauves-souris, des marsupiaux comme la sarigue. Dans le Quercy des gisements semblables ont livré d'autres Palaeotherium en grand nombre, des tapiridés et des rhinocérotidés.

Le monde dans lequel évoluaient les mammifères était bien différent de celui des reptiles. Entre l'Eurafrique et les Amériques, les océans s'élargissent, l'Amérique du Nord est coupée par la mer, à l'isthme de Panama, de l'Amérique du Sud et l'Antarctide se sépare de l'Australie. L'Amérique du Nord était encore reliée à l'Asie par le passage de Béring, la plupart du temps émergé. La faune évolua donc différemment sur ces divers continents. En Australie, séparée maintenant des autres ensembles continentaux, elle resta au stade marsupial et aucun mammifère placentaire n'y vécut avant l'arrivée des Européens, à l'époque moderne. Les animaux d'Australie constituant une bonne représentation d'une faune archaïque qui se serait fixée à une époque très lointaine. Parmi ses oiseaux les plus caractéristiques on compte des espèces qui ne volent pas comme l'émeu ou le casoar. L'ensemble eurasien-africain au contraire est resté en communication et la faune a pu y circuler librement ce qui permit à la loi sélective de jouer pleinement son rôle; on y assiste donc à une évolution importante des formes animales.

Les chevaux des Peaux-Rouges étaient européens!

Le cas du cheval dont on peut suivre parfaitement la lignée est particulièrement révélateur. Issu d'un petit animal pas plus grand qu'un renard qui vivait à l'Eocène, voici une cinquantaine de millions d'années, les équidés ont évolué principalement en Amérique du Nord, mais au cours des âges il y eut plusieurs migrations vers l'Europe par la passe de Béring, puis vers l'Amérique du Sud lorsque l'isthme de Panama fut refermé. A l'Oligocène les ancêtres du cheval s'appellent Mesohippus et ont alors la taille d'un mouton. Ils vont croître en taille par la suite avec le Merychippus du Miocène et le Pliohippus du Pliocène (–10 millions d'années) avant d'atteindre le type Equus que nous connaissons, au Quaternaire, c'est-à-dire il y a environ un million d'années. Il est en outre curieux de constater que tous les équidés américains disparurent par extinction et que seule une branche issue de la dernière migration vers l'Europe résista et donna notre cheval moderne. C'est pourquoi les chevaux des Peaux-Rouges et des cow-boys ne descendent pas des chevaux américains mais tout simplement des quelques bêtes européennes amenées dans le Nouveau Monde par les premiers conquistadors espagnols !

Soumis aux climats chauds, tropicaux et équatoriaux, l'Afrique et l'Eurasie furent les creusets les plus efficaces pour l'épanouissement de toutes les formes de vie qui y bénéficièrent d'une végétation renouvelée. Les phénomènes géologiques les plus marquants du Tertiaire demeurent la formation des grandes chaînes de montagnes notamment des Alpes, des Pyrénées, du Caucase, de l'Himalaya, des Andes et des montagnes Rocheuses. En même temps l'ère tertiaire fut une époque d'intense activité volcanique. Beaucoup de ces cônes volcaniques ont éclaté, laissant la place à d'énormes cratères ou calderas de plusieurs kilomètres de largeur.

A la fin du Tertiaire, au Pléistocène, il y a quelques 5 millions d'années, les positions respectives des continents s'étaient peu modifiées. Seuls changements notables, la Méditerranée jadis asséchée, maintenant remise en eau séparait à nouveau l'Afrique de l'Europe, pendant que la mer Rouge l'isolait de l'Asie. Au même moment les deux Amériques se trouvaient réunies par l'émersion de l'isthme de Panama. Ce dernier phénomène allait être fatal à la faune vieillie du continent sud-américain qui ne résisterait pas longtemps à l'afflux des mammifères évolués (pumas et jaguars) venus du Nord. Les quelques survivants mèneront une existence précaire dans les régions froides et montagneuses, à l'exemple du lama.

La progression des glaciers

Mais ce sont les changements climatiques avec la série des grandes glaciations qui vont modifier le plus sensiblement les diverses formes de vie. La progression des glaciers, l'extension de la calotte polaire provoquèrent l'émigration vers les régions équatoriales des plantes et des animaux aimant la chaleur. Une partie de l'Europe se couvrit de calottes glaciaires qui à certains moments recouvrirent une partie de la Russie, de l'Allemagne, des Pays-Bas et des îles Britanniques ainsi que toute la Scandinavie.

La masse énorme des eaux de fusion ne pouvant plus s'échapper vers le Nord, se déversèrent vers les mers plus méridionales à la hauteur du pas de Calais; c'est ce phénomène de déversoir qui creusa alors une immense vallée qui devait devenir la Manche et séparer l'Angleterre du continent avec lequel jusque-là elle faisait corps. Les périodes de glaciation furent suivies de périodes de réchauffement à la suite desquelles les animaux réoccupèrent leurs anciens territoires, avant d'en être chassés par une nouvelle vague de froid.

Ces variations climatiques expliquent que c'est en Afrique, le pays le plus chaud, traversé par l'équateur, que se constitue une immense réserve animale bien protégée par la constance de température. Il ne faut donc pas s'étonner si c'est au cœur même de cette Afrique du Quaternaire que va se produire l'événement capital de cette époque: l'apparition des premiers «hommes» méritant véritablement ce nom, les Australopithèques.

La région des grands lacs en Afrique orientale

était déjà, comme elle l'est demeurée jusqu'à nos jours, un conservatoire des diverses espèces animales. A l'époque des Australopithèques des éléphants modernes y voisinaient avec l'antique Dinotherium, des chevaux, avec un ancien équidé, le Stylohipparion, des girafes actuelles avec le Sivatherium, un girafidé miocène de l'Inde doté de quatre cornes. Un tigre géant, le Machairodus, possédait deux canines en forme de défenses qui lui servaient à poignarder ses proies.

Les hommes-singes d'Afrique

Les Australopithèques, eux, étaient des créatures de petite taille, des sortes d'hommes-singes, avec un cerveau d'un volume moyen de 600 centimètres cubes (contre 1350 centimètres cubes chez l'*Homo sapiens*) mais la forme de la mâchoire, la station debout en faisaient des hommes véritables.

Il y a donc 2 millions et demi d'années des hommes habitant l'Est et le Sud de l'Afrique, parvenaient à fabriquer des outils. Après les Australopithèques, une autre variété d'hominiens plus évolués, les Pithécanthropes envahissent le reste de l'Afrique et le Sud-Est asiatique. Les Sinanthropes peuplent l'Extrême-Orient et l'homme de Heidelberg se répand en Europe. La capacité crânienne de ces Archanthropes a augmenté par rapport à celle des Australopithèques et elle varie entre 800 et 1200 centimètres cubes mais leur taille (1 mètre 50) reste peu élevée. Tous ces hominiens restent des créatures de climats chauds et s'ils pénètrent en

Europe entre 350 et 300 000 ans, c'est à la faveur d'une période interglaciaire. Ils avaient à leur actif la fabrication d'outils déjà perfectionnés, la découverte et l'usage du feu.

En Europe, une nouvelle glaciation (entre 250 000 et 150 000 ans) a fait disparaître les hommes qui y vivaient.

Un nouveau réchauffement, entre les interglaciaires Riss-Würm (entre 150 000 et 100 000 ans) introduit dans nos contrées l'homme de Néanderthal dont la race s'était déjà étendue en Afrique et au Proche-Orient. Il partageait son habitat avec les éléphants, les hippopotames et les rhinocéros très proches des espèces actuelles. Chasseur, l'homme de Néanderthal nomadisait à la suite de ces animaux dont il faisait sa proie. Les Néanderthaliens peuplaient l'Europe et l'Asie lorsque eut lieu la dernière glaciation, la plus importante, celle de Würm. Ils disputèrent alors leurs habitats aux ours qui s'étaient réfugiés eux aussi dans les cavernes et les grottes, alors que mammouths et rhinocéros, incapables de s'habituer au climat, fuyaient vers le Sud. L'homme de Néanderthal dut s'adapter aux nouvelles conditions de vie, passer l'hiver dans des abris où il fallait faire du feu, se couvrir des fourrures prélevées sur les animaux abattus, profiter de la belle saison pour constituer des réserves de nourriture, etc. L'abondance des grottes dans le Périgord explique que cette région ait été une mine pour les paléontologues qui y découvrirent nombre de squelettes de ces hommes de la dernière période glaciaire. Leur analyse a permis de constater que l'espérance de vie était très courte, les hommes ne dépassant pas 40 ans et les femmes s'éteignant vers la trentaine. L'arthrite, due à l'humidité des cavernes, et les blessures reçues à la chasse étaient les maux les plus fréquents.

Le flambeau passe à l'Homo sapiens

Le rameau des Néanderthaliens qui avait si vaillamment résisté à la rudesse du climat finit par s'éteindre il y a un peu plus de 20000 ans et le flambeau passe à l'*Homo sapiens* apparu 20000 ans auparavant. Semblables à nous, ces hommes furent les contemporains des derniers animaux préhistoriques, tels les mammouths et les grands cervidés aux bois gigantesques (Mégacéros). Si les Néanderthaliens enterraient déjà leurs morts, preuve de leur développement psychique et de croyances religieuses en l'au-delà, les *Homo sapiens* d'il y a 20000 ans étaient des artistes incomparables puisque ce sont eux qui nous ont laissé les admirables fresques pariétales des grottes de Lascaux et d'Altamira.

Chasseur comme les premiers hominiens, l'*Homo sapiens* eut un jour l'idée d'utiliser les animaux autrement qu'en les abattant et en les mangeant. La première domestication fut sans doute celle du renne, voici une quinzaine de millénaires, enfin il y a environ 7000 ans dans les pays du Proche-Orient on domestiqua la chèvre et le mouton, puis le bœuf et le porc; le dressage du cheval, plus tardif (4000 ans av. J.-C.) fut le fait des Indo-Européens.

Avec la domestication des autres animaux, l'*Homo sapiens* assurait sa domination sur les autres formes vivantes. Et nous arrivons au terme de cette longue épopée de l'histoire de la vie, lorsqu'un de ces animaux prend conscience de son pouvoir, s'affirme comme différent et supérieur aux autres espèces animales. L'évolution de la vie depuis les premiers organismes unicellulaires s'achève par l'apparition des hommes qui les premiers peuvent comprendre et reconstituer ce long cheminement de plusieurs milliards d'années.

L'existence même d'hommes fossiles qui auraient vécu voici des centaines de milliers d'années, qui auraient été contemporains des mammouths et des ours des cavernes, cette idée qui est aujourd'hui familière à tout un chacun a en réalité été acceptée par le monde savant dans son ensemble voici seulement un siècle. Auparavant on ignorait même que des hommes fossiles puissent exister, cette notion ne fera son apparition qu'à l'époque de la Révolution française.

Un homme de 23 mètres de haut!

Jusque-là ce sont les textes de la Bible qui faisaient autorité en la matière. On imaginait que l'humanité ancienne avait été tout entière détruite par le Déluge et que seuls les hommes et les animaux qui se trouvaient dans l'arche de Noé avaient été sauvés et avaient assuré la descendance de l'homme et des animaux. On se représentait ces anciens hommes sous la forme de géants, toujours sur la foi des textes sacrés; l'Ancien Testament ne proclamait-il pas: «En ces jours-là, les géants étaient sur la terre quand les fils de Dieu s'unissaient aux filles des hommes et qu'elles leur donnaient des enfants; ce sont les héros du temps jadis, ces hommes fameux.»

On pensait donc que les fils de Noé étaient des hommes de très grande taille et les envoyés de Moïse dans la Terre promise ne manquèrent pas de rapporter qu'ils y avaient trouvé des géants. «Tous ceux que nous y avons vus sont des hommes de haute taille. Nous y avons vu aussi des géants, les fils d'Anaq, descendance des géants. Nous nous faisions l'effet de sauterelles, et c'est bien aussi l'effet que nous leur faisions.» L'Antiquité païenne elle aussi a cru à l'existence d'hommes gigantesques. Au IIe siècle Hérodote à propos d'un cadavre retrouvé à Tégée au centre du Péloponnèse et qu'on identifiait avec celui d'Oreste, disait qu'il mesurait 3 mètres 50 de haut. Pausanias, le géographe qui nous a laissé la description la plus complète que nous possédions de la Grèce classique, nous parle d'un squelette découvert dans la petite île de Lade, en face d'Ephèse, haut de 5 mètres. Mais c'est le naturaliste Pline le Jeune qui remporte la palme avec un squelette d'homme de 46 coudées, soit 23 mètres, provenant de Crète. Le christianisme se montra tout aussi crédule que le paganisme: des empereurs de Byzance firent recueillir comme des reliques des os de géants, et le bon roi René ne manqua pas non plus de faire suspendre dans sa sainte chapelle de Bourges des os fossiles attribués aux anciens géants qui avaient été trouvés en Provence.

Les géants et le déluge

Un écrivain du XVIe siècle avait écrit un ouvrage entier sur la question intitulée « De gigantibus » (Les Géants) où il est question de dents de 4 kilos. On ne saurait faire un inventaire complet des ossements de ces « saints » vénérés dans les églises et qui n'étaient autres que des restes fossiles de mammouths ou d'éléphants antiques. A Valence, en Espagne, les fidèles pouvaient admirer au cours des processions une relique vénérable, le bras d'un saint qui fut reconnu plus tard pour être un fémur d'éléphant fossile ! En Allemagne, une église de Souabe exposait une molaire de mammouth attribuée à « notre grand ancêtre géant ».

Les Français ne furent pas en reste et sous Louis XIII le squelette d'un certain Teutobochus, soi-disant roi des Cimbres découvert dans une carrière du Dauphiné fit couler beaucoup d'encre. Un livre très savant « Histoire véritable du géant Teutobochus, roi des Cimbres » fut écrit à son sujet et un habile chirurgien, dénommé Mazurier, parcourut le royaume et l'exposa de foire en foire aux badauds moyennant quelques sous. Mais dès cette époque l'esprit critique commence à se faire jour et quelqu'un prétendit même qu'il s'agissait là d'ossements d'un éléphant, ce qui fut plus tard reconnu exact.

Toutefois la trouvaille la plus célèbre fut réalisée en Suisse, à Oenigen au début du XVIIIe siècle, par le naturaliste Jean-François Scheuchzer. Dans son livre « Physica sacra » édité à Augsbourg en 1731, il qualifiait sa découverte d'« homme témoin du déluge » (Homo diluvii testis) dont il disait poétiquement qu'il était « un lamentable témoin du déluge et qui avait vu Dieu ». En fait l'« homme qui avait vu Dieu » fut reconnu en 1787 pour un reptile et plus tard Cuvier qui le vit au Musée de Haarlem, en Hollande, l'identifia pour le squelette d'une grande salamandre fossile.

Le grand Buffon aborda la question des premiers hommes et de leur âge mais l'auteur des « Epoques de la Nature » ne se montra pas très perspicace puisqu'il affirmait que l'homme apparut sur la terre très longtemps après les mammouths, les éléphants et les rhinocéros fossiles.

La grande question qui allait dominer le XIXe siècle en matière de paléontologie c'était le problème de la contemporanéité de l'homme et des grands mammifères disparus. Est-ce l'autorité de Buffon, ou plutôt les préjugés religieux ? mais il faudra près de trois quarts de siècle pour que le monde l'accepte !

L'ancienneté de la race humaine : une découverte récente

C'est en 1800 à l'aube du XIXe qu'un Anglais, John Frere, se basant pour la première fois sur des fouilles, émit l'opinion que l'espèce humaine était bien plus ancienne qu'on ne le croyait généralement. John Frere avait trouvé dans le Suffolk des traces d'outils façonnés par des humains, des silex taillés mêlés avec des ossements d'animaux fossiles. Cette découverte n'eut pas à l'époque de retentissement, pas plus que celle d'un Français, Jouannet, qui fit en 1815 une trouvaille similaire dans les grottes du Périgord. Huit ans plus tard on exhuma près de Strasbourg un fossile humain et des restes d'anciens mammifères. Cuvier qui examina la découverte conclut simplement qu'il s'agissait d'un squelette actuel retrouvé dans un cimetière. Une autre sommité de la science, Alexandre Brongniart, se prononça dans le même sens.

A partir de cette époque les trouvailles se firent de plus en plus nombreuses; en Belgique, en France, en Suisse, partout on mettait au jour des fossiles humains avec des restes d'outils et de mammifères anciens.

La science officielle, soumise à la dictature posthume de Cuvier, continua à faire la sourde oreille.

Un amateur de génie, Jacques Boucher de Crèvecœur de Perthes (1788-1868), qui entreprit l'exploration des terrains alluviaux de la Somme, près d'Abbeville, allait après de longues années de lutte faire admettre l'existence d'un homme contemporain des grandes espèces animales disparues. Ce précurseur de la paléontologie était fonctionnaire des douanes lorsqu'il publia en 1847, ses «Antiquités celtiques et antédiluviennes» qui allaient soulever de vifs débats. Il récidiva en 1860 avec un livre sur «L'Homme antédiluvien».

Nul n'est prophète en son pays

Un des disciples de Boucher de Perthes lui écrivait en 1864: «Ma seule ambition est de prouver que vous avez eu raison en annonçant le premier que notre pays avait été habité par ces hommes avant le cataclysme qui a détruit les éléphants et les rhinocéros qui y vivaient.» Boucher de Perthes avait demandé qu'une commission scientifique fut nommée pour qu'elle vienne à Abbeville même examiner les résultats de ses recherches, mais personne n'eut la curiosité de se rendre sur place. Seul Brongniart eut l'honnêteté de se déranger et bien qu'il ne fût pas convaincu, il incita Boucher de Perthes à continuer ses travaux. Peu après celui-ci offrit au Museum, puis à l'Institut de lui donner ses collections, dont une mâchoire humaine fossile trouvée dans les carrières de Moulin-Quignon, près d'Abbeville; on ne lui répondit même pas. Nul n'est prophète en son pays, cette vérité allait se vérifier une fois de plus.

Pendant que la science officielle française avec à sa tête Elie de Beaumont, grand géologue mais piètre paléontologue, persistait dans son refus d'examiner objectivement les thèses de Boucher de Perthes, l'étranger s'intéressait de près aux idées nouvelles. Un grand savant, l'Anglais Charles Lyell, géologue comme Elie de Beaumont, se montra plus ouvert que son homologue français. En 1859 il publiait un traité sur «l'Ancienneté de l'Homme prouvée par la Géologie», ce qui n'empêchait pas Elie de Beaumont d'affirmer encore quatre ans plus tard: «Je ne crois pas que l'espèce humaine ait été contemporaine de l'Elephas primigenius, je continue à partager à cet égard, l'opinion de M. Cuvier. L'opinion de M. Cuvier est une création du génie, elle n'est pas détruite.»

John Frere est réhabilité

Malheureusement pour lui, un an à peine après cette déclaration, le savant Louis Lartet découvrait en Dordogne dans la grotte de la Madeleine, la figure d'un superbe mammouth gravée par ces mêmes hommes préhistoriques. Les Anglais moins réticents s'étaient déjà rendus en grand nombre à Abbeville. La plupart repartirent parfaitement conquis, tellement conquis qu'ils se décidèrent à explorer à nouveau le terrain visité par John Frere 70 ans plus tôt. Des géologues qui avaient fait le «voyage» d'Abbeville, Prestwich et John Evans y reconnurent les outils façonnés par les hommes préhistoriques (des haches de type acheuléen) mélangés à des ossements d'éléphants décrits par John Frere en 1800 à une époque où cette communication n'avait rencontré aucun écho. Justice fut alors rendue à la mémoire de ce précurseur.

Justice allait bientôt être rendue à Boucher de Perthes. La vérité comme trop souvent en France fut reconnue après un court passage par l'étranger. Le livre de Charles Lyell «L'Ancienneté de l'Homme prouvée par la Géologie» avait eu un grand retentissement parmi les savants français et après 1860 les travaux vont se succéder, les découvertes se multiplier. Nombreux sont les disciples de Boucher de Perthes, comme Lartet, les anthropologistes de Quatrefages et l'abbé Breuil qui découvrent des sites préhistoriques qui confirment les thèses de Boucher de Perthes. Lorsque le vieux savant mourra en 1868 il aura la satisfaction de voir les spécialistes du monde entier convertis à ses idées. Quatre ans avant sa mort une grande revue

« Matériaux pour servir à l'Histoire primitive de l'Homme », a même été fondée par Gabriel de Mortillet.

L'homme de Néanderthal est retrouvé en 1859 à Arcy-sur-Cure, et en 1908 à La Chapelle-aux-Saints, en Dordogne. On a vu que l'homme était apparu en Europe durant les périodes interglaciaires et ce fut le mérite de Marcellin Boule (1861-1942) d'avoir dès 1888 replacé l'homme fossile dans le contexte des grandes glaciations de l'ère quaternaire. Avec l'apport de ce grand savant à la paléontologie humaine, s'achève l'époque héroïque de la science des fossiles et l'histoire de ses obstinés et passionnés pionniers.

CHAPITRE DEUXIÈME

LES MYSTÉRIEUX DINOSAURES

Bien qu'ils aient disparu depuis 70 millions d'années les Dinosaures passionnent toujours le grand public. Tout le monde connaît plus ou moins les plus représentatifs de ces animaux, le Diplodocus de la galerie du Museum du Jardin des Plantes, le Tyrannosaure ce redoutable carnivore qui étouffait ses victimes entre ses pattes antérieures avant de les dévorer, l'immense Brontosaure si lourd et si énorme qu'il devait le plus souvent se déplacer en milieu aquatique pour diminuer le poids de son corps, etc., etc.

Mais ce qu'ignore en général la plupart des gens, c'est l'extrême diversité de ces animaux dont les moindres avaient la taille d'une simple poule, le milieu dans lequel ils ont vécu, leur genre de vie, leur nourriture, leur façon de s'accoupler et de se reproduire, enfin les raisons de leur disparition qui par sa soudaineté ne laisse pas de soulever, on le verra, certains problèmes.

Les Dinosaures ne sont pas le résultat de l'imagination d'auteurs de films de science-fiction qui ont contribué à les mettre à la mode, mais, plus simplement, l'aboutissement de l'évolution de la vie animale. Issus des Amphibiens, ces reptiles apparaissent dès le début du Secondaire, il y a 200 millions d'années. Le Secondaire est l'ère des Dinosaures avec l'apogée de ces animaux au Jurassique entre –150 et –130 millions d'années, leur évolution vers des formes nouvelles au Crétacé, entre –130 et –60 millions d'années, et ensuite leur extinction brutale.

Six millions de générations !

Il faut d'abord considérer le très grand laps de temps qui s'est écoulé entre la première et la dernière génération de ces reptiles : 140 millions d'années, soit près de 6 millions de générations. Cette longue durée explique pourquoi les diverses espèces de Dinosaures sont si nombreuses, on en a retrouvé jusqu'à aujourd'hui une centaine, et pourquoi elles ont évolué si différemment. Si l'on compare les générations de Dinosaures avec celles de l'homme, il faut rappeler que depuis la naissance du Christ on compte seulement 79 générations humaines, et à peine 10 000 si l'on remonte à l'ancêtre de l'homme actuel, l'*Homo sapiens.*

Avec leurs 6 millions de générations les Dinosaures ont eu tout le temps nécessaire pour se transformer en taille et en poids. Au Secondaire les Dinosaures furent les rois de la création et avec eux la vie animale a connu sur notre Terre son plus grand épanouissement.

Essayons de voir plus clair dans les différentes espèces des Dinosaures. On distingue deux groupes principaux : celui des Saurischiens et celui des Ornithischiens. Ces noms barbares veulent seulement dire que les premiers avaient un squelette qui, à la hauteur de la ceinture, rappelait celui des lézards tandis que pour les seconds, il ressemblait à celui des oiseaux. Ces deux grands groupes se scindent à leur tour en plusieurs branches ; les Saurischiens en deux familles celle des Sauropodes dans laquelle on retrouve les plus grands de ces animaux, ce sont tous des herbivores à moitié aquatiques et celle des Théropodes, des Dinosaures exclusivement terrestres et carnivores, se déplaçant sur leurs deux pattes arrière, comme le fameux Tyrannosaure.

Les Ornithischiens sont classés en quatre groupes qui sont tous herbivores : Ornithopodes bipèdes, puis les Stégosaures, les Ankylosaures et les Cératopsiens. Ce sont tous des quadrupèdes qui se différencient par des caractéristiques qui les classent parmi les formes animales les plus extraordinaires qui aient jamais existé.

C'est ainsi que les Stégosaures avaient le corps hérissé de piquants et de pointes, les Ankylosaures étaient dotés comme les tortues d'une curieuse carapace et que le crâne et le cou des Cératopsiens constituaient une sorte de bouclier osseux sur lequel s'érigeaient des cornes.

Cet extraordinaire foisonnement des formes animales nous réserve certainement des surprises puisque tous les ans les paléontologues rapportent de nouveaux fossiles de leurs expéditions. Le sous-sol de notre planète est loin d'avoir livré toutes ses richesses en la matière. Avant les découvertes du

XXe siècle, les fossiles de dinosaures provenaient tous sans exception d'Europe ou des Etats-Unis. Les facilités de communication, les progrès des transports ont permis de prospecter d'autres parties du monde et le désert de Gobi en Mongolie, les sables du Niger (gisement de Gadoufaoua) par exemple, se sont révélés de véritables cavernes d'Ali Baba pour les paléontologues.

La récolte des dinosaures

Napoléon a ignoré l'existence des dinosaures, puisque c'est un an après sa mort à Sainte-Hélène, que fut trouvé en l'année 1822, le premier de ces fossiles jamais découvert par l'homme. La scène se passe en Angleterre près de l'Université d'Oxford, dans une carrière de la petite ville de Stonesfield. Il s'agissait en l'occurrence d'un Théropode, le Mégalosaure, un carnivore géant haut de 9 mètres, qui vivait à la fin du Crétacé. Le savant anglais Parkinson qui le décrivit, le baptisa de ce nom, mais 150 ans auparavant, un autre savant naturaliste avait parlé de ses ossements dans un livre paru en 1677 « L'Histoire naturelle de l'Oxfordshire ». Naturellement on n'avait alors aucune idée de ces animaux et le docteur Plot avait expliqué, selon l'habitude de l'époque, qu'il s'agissait là du squelette d'un homme géant antédiluvien. Quelques années plus tard on découvrit le fossile d'un Iguanodon, un grand herbivore cette fois, conservé dans une couche de grès de la province de Sussex au sud de Londres. Par la suite les trouvailles se multiplièrent mais les plus célèbres eurent lieu à la fin du

XIXe siècle aux Etats-Unis, dans l'Etat de Colorado. Des squelettes de Diplodocus, de Stégosaure, de Tyrannosaure, furent mis au jour par deux chercheurs américains, Cope et Marsh.

La récolte des dinosaures relève de l'exploit scientifique et aussi économique. En effet on ne procède pas à l'extraction d'un de ces squelettes géants pesant plusieurs tonnes, sans mettre en œuvre de puissants moyens techniques et financiers.

Les voyages souvent lointains dans des régions désertiques comme la Mongolie, nécessitent l'emploi de nombreux véhicules, d'un stock de caisses immenses, d'outils nombreux, de produits chimiques, etc. Les ossements étant placés parfois dans des endroits difficiles d'accès, il faut construire des échafaudages compliqués, les os doivent tous être répertoriés et photographiés dans la situation où ils ont été trouvés et numérotés afin de pouvoir reconstituer l'animal dans sa position exacte. Une fois dégagée de sa gange de roche après un long et minutieux travail, chaque partie du squelette subit un traitement pour assurer sa bonne conservation durant le transport en camion. Les os sont enrobés dans du papier et des toiles et ensuite entreposés dans des caisses où l'on a coulé du plâtre.

A l'arrivée au Museum, ils seront déballés avec le même soin, puis le squelette entier de l'animal sera reconstitué dans sa position naturelle à l'aide de tout un enchevêtrement de fils d'acier.

Les premiers dinosaures

Les ancêtres communs des dinosaures étaient de petits animaux qui auraient eu la forme et la dimension d'un gros lézard. Ils donnèrent naissance aux Archosaures. Ceux-ci menaient une vie amphibie, se nourrissaient essentiellement de végétaux et se déplaçaient lentement sur le sol, ils ressemblaient fort à nos crocodiles qui descendent d'ailleurs directement d'eux, et on les appelle vulgairement « faux crocodiles ». Le premier vrai dinosaure est l'Ornithosuchus, dont descendent tous les dinosaures carnivores ; il se déplaçait uniquement sur ses membres postérieurs, au contraire d'un de ses ancêtres, l'Euparkeria, un Archosaure encore quadrupède. L'Ornithosuchus était plus grand (2 mètres et demi de long) et plus lourd, se servait de sa forte queue pour équilibrer sa marche. Toutes ces caractéristiques seront celles des dinosaures bipèdes. Sa mâchoire possédait une rangée de dents impressionnante et se terminait en forme de bec. Son corps était recouvert d'une cuirasse osseuse à la manière des crocodiles. Peu à peu les dinosaures carnivores perdirent cette armure naturelle, devenue inutile, lorsqu'ils augmentèrent de taille et ne trouvèrent plus de prédateurs capables de les attaquer, et elle se transforma en une simple peau recouverte d'écailles. Un autre dinosaure carnivore contemporain de l'Ornithosuchus, le Coelophysis, aussi grand, était plus léger et plus agile, avec une queue et un cou plus long. Il attrapait ses proies à la course et se saisissait des insectes et des petits animaux grâce à la mobilité de son long cou flexible. Leur corps qui pesait environ 25 kilos, contre 50 kilos pour l'Ornithosuchus, n'était pas revêtu d'une carapace osseuse. Ce groupe de dinosaures a eu la vie dure puisqu'on en retrouve des formes presque inchangées à l'époque de leur disparition, 140 millions d'années plus tard.

Un flair de détective

Les premiers dinosaures herbivores descendent eux aussi d'animaux d'apparence modeste dont on a retrouvé les traces en Europe et en Amérique du Nord. Les ancêtres des animaux qui allaient devenir les plus grands du monde vivaient sur la terre voici 200 millions d'années. Il s'agit du Cheirotherium et du Ticinosuchus, des crocodiles hauts sur pattes, qui se déplaçaient selon un mode bien particulier en avançant en même temps une patte antérieure et une patte postérieure de chaque côté du corps. Les savants ont pu reconstituer cette étrange façon de se déplacer grâce aux nombreuses empreintes laissées par ces animaux. Leur corps variait entre 2 et 3 mètres de long. Il est intéressant de constater que cette espèce fut d'abord connue des savants grâce aux seules traces retrouvées sur le sol.

De la position des pattes ils en conclurent leur manière de marcher et de déduction en déduction, la position de leurs membres, puis la forme de leur corps. Or plusieurs années après cette reconstitution digne d'un détective de génie, ils eurent la satisfaction de découvrir cette fois le squelette entier et de se rendre compte que l'animal correspondait exactement à l'image qu'ils avaient déduite uniquement à partir de la position de leurs pas!

Le premier Sauropode véritable, le Thécodontosaure, était aussi le premier dinosaure à se nourrir de végétaux, mais il ne dédaignait pas les proies vivantes et se repaissait au besoin de poissons et de petits animaux. Avec ses 3 mètres de long il était loin de la taille des géants de sa famille. Retrouvé en Angleterre et en Allemagne, le Thécodontosaure est à l'origine de la lignée des dinosaures exclusivement herbivores. Un de ses proches parents, découvert en Afrique du Sud, le Massospondylus, est déjà plus grand et sa denture est plus spécialisée et mieux adaptée à une nourriture végétale.

Herbivores et Carnivores

A la fin du Trias apparaît en Asie et en Europe un descendant du Thécodontosaure, le Platéosaure. Ce dinosaure est le premier grand herbivore de son espèce. Il mesurait 6 mètres de long, marchait généralement à quatre pattes, mais certaines empreintes ont révélé qu'il pouvait parfois se déplacer plus rapidement sur ses deux seuls membres postérieurs, en cas de danger par exemple; ses pattes de derrière plus longues et plus fortes, sa queue de 3 mètres servant de contrepoids, autorisaient cet exploit. D'une taille double de celle des dinosaures carnivores, il était armé pour s'en défendre, de fortes griffes fixées aux doigts de sa main. C'est aussi le premier dinosaure à sang chaud, c'est-à-dire à avoir possédé une température constante. Ces grands animaux se nourrissaient uniquement de végétaux qu'ils cueillaient sur les arbres en se dressant sur leurs deux pattes. Beaucoup d'arbres de ces époques n'avait de végétation qu'au sommet et les dinosaures devaient pouvoir l'atteindre en s'appuyant contre leur long tronc nu. Les Platéosaures étaient des animaux grégaires, ils vivaient en troupeaux et pouvaient de cette façon résister plus efficacement aux attaques des dinosaures carnivores. La multiplication des herbivores allait également permettre aux carnivores de proliférer; leur reproduction étant conditionnée par la nécessité de s'en nourrir faute de quoi les dinosaures carnassiers se seraient détruits eux-mêmes et auraient rapidement disparu.

Un paradis pour monstres

Au Secondaire, les dinosaures se sont répandus sur la presque totalité des terres émergées. On les a retrouvés partout en Europe et en Asie. En Afrique les gisements sont nombreux, tels ceux de Gadoufaoua, au Niger, de Tendaguru en Tanzanie, du Basutoland en Afrique du Sud, de Madagascar. L'Amérique du Nord avec ceux de Morrison, du Colorado, était peuplée aussi de ces grands sauriens. Un animal aussi massif que le Brachiosaure pouvait se rendre sans quitter la terre ferme de l'Amérique du Nord en Afrique du Sud, ces continents étant alors réunis en un vaste ensemble. Les dinosaures se plaisaient au bord des mares, dans les plaines alluviales, près des marécages, et on a retrouvé beaucoup d'empreintes de leurs pas dans les boues ou les sables déposés par les eaux. Un climat tropical constant, chaud et humide, leur convenait. Dans ce paradis pour monstres que fut l'ère secondaire, une végétation luxuriante s'épanouissant dans cette atmosphère de serre chaude fournit aux dinosaures herbivores une table abondamment servie, et dans leurs grands troupeaux les dinosaures carnivores purent venir puiser à leur tour.

Il s'ensuivit à partir du Jurassique la domination complète de l'espèce des dinosaures sur toute la vie animale. L'importance des terres émergées explique la dispersion des dinosaures sur la presque totalité des masses continentales. A la fin de l'ère des Dinosaures on trouve un de ses représentants, l'Iguanodon, aussi bien en Europe qu'au Spitzberg, en Chine, en Australie, en Amérique du Nord et en Afrique. Les Hadrosaures atteindront la Mongolie et l'Amérique du Sud.

Cette universalité des dinosaures s'explique parfaitement du fait de la réunion en un même ensemble de toutes les terres émergées au Trias, au début de l'ère secondaire. Ce supercontinent, appelé Pangée, comprenait au Nord, la Laurasie (Amérique du Nord, Europe et Asie) et au Sud, le Gondwana (Afrique, Amérique du Sud, Australie, Inde et Antarctique). Un grand océan, la Téthys, s'avançait comme un coin entre ces deux masses néanmoins unies. Leur point de jonction se situait en un endroit où l'on trouve aujourd'hui l'Afrique occidentale, le golfe du Mexique et le détroit de Gibraltar, cette région étant alors traversée par l'équateur. Sur cette immense surface, l'espèce des dinosaures allait évoluer durant 140 millions d'années, régner en maîtresse et donner naissance à de multiples formes nouvelles.

Des animaux lents et pesants

Ils se répartirent selon les paysages et les climats. Les plaines du Trias sèches, souvent désertiques, étaient parfois ravagées par de violentes tempêtes qui provoquaient de terribles inondations; les empreintes retrouvées dans les sables et les boues des plaines nous apprennent quels animaux les fréquentaient, et surtout ils nous renseignent sur la manière dont se déplaçaient les dinosaures. Grâce à des études minutieuses sur les rapports entre plusieurs facteurs connus: la distance comprise entre deux traces de pied, ou enjambée, la hauteur de la hanche au-dessus du sol, et le carré de la vitesse, des savants anglais de l'Université de Leeds, en Angleterre, après des expériences faites sur des êtres humains et des animaux comme le cheval, l'éléphant ou l'autruche, sont parvenus à en tirer des conclusions qui s'appliquent également aux dinosaures. On sait donc maintenant grâce à cette méthode comparative et connaissant les empreintes fossiles et la longueur des os de ces animaux que les dinosaures étaient bien des animaux lents qui se déplaçaient lourdement sur le sol. Leur vitesse ne dépassait jamais 12 kilomètres à l'heure. Ce sont les plus petits qui allaient le plus vite, les plus grands allaient d'un train de sénateur. Ils semblent bien n'avoir pour ainsi dire jamais couru, sauf exceptionnellement pour fuir un danger, et jamais bien longtemps.

L'autre paysage était constitué par les rivages de la Téthys le long desquels s'ébattaient de grands lézards marins, amateurs de poissons, les Nothosaures, qui se réfugiaient parfois sur la terre ferme avec leurs petits. Les lézards terrestres étaient très nombreux et parmi eux il faut remarquer un des animaux les plus extraordinaires qui aient jamais paru sur notre planète. Répondant au nom de Tanystropheus, ce lézard au corps très ordinaire était muni par contre d'un cou immense de plus de 3 mètres de long, immense serpent qui lui servait de canne à pêche et lui permettait, tout en restant sur le rivage, de lancer au loin sa tête dans les flots comme un hameçon pour ramener poissons et crustacés. Les vertèbres de son cou, très fragiles, atteignaient la longueur de 32 centimètres. Dans les airs, il n'y avait pas encore d'oiseaux, mais des sortes de lézards volants qui planaient en étendant leurs membranes comme le Kuehneosaure. Ces lézards aux os creux se contentaient de se jeter du haut des arbres et ils descendaient sur le sol à la manière d'un parachute.

Tel est l'environnement dans lequel évoluaient les dinosaures du Trias. La fin de cette période allait être marquée par une évolution dans le sens du gigantisme. Au Platéosaure de 6 mètres de long a succédé un herbivore de 12 mètres, le Mélanosaure, qui était déjà doté de quatre pattes en colonnes qui caractériseront plus tard les plus grands Sauropodes. Deux fois plus grand que le Platéosaure, cet animal était juché sur ces pattes hautes et fortes indispensables pour soutenir un corps pesant près de deux tonnes. On ne pouvait plus concevoir, à cause de ce poids, des dinosaures évoluant comme des lézards en rampant sur le sol; l'acquisition de membres forts et puissants était un progrès qui allait au Jurassique se concrétiser dans les formes animales les plus fantastiques que l'on puisse imaginer.

Les oiseaux remplacent les lézards volants

Le Trias c'est également le moment ou un autre groupe commence à s'affirmer, celui des Ornithopodes, au corps d'oiseau, pour les différencier des Sauropodes, au corps de lézard. Le premier de cette espèce, le Fabrosaure, est un herbivore d'un mètre de haut avec deux membres postérieurs hauts et musclés qui lui servaient pour la course et des antérieurs plus courts. Le Fabrosaure devait se tenir alternativement debout ou à quatre pattes, il avait une mâchoire bien adaptée avec des dents aiguës et coupantes pour brouter les feuilles et les branches.

Les dinosaures au Jurassique vont connaître leur apogée. Les conditions de vie leur sont encore plus favorables qu'au Trias, les climats sont plus chauds et plus humides, la végétation plus dense. L'époque est tranquille, il n'y a pas de grands bouleversements de l'écorce terrestre, mais durant cette période de 60 millions d'années, la Pangée commence à se scinder et si la Laurasie reste assez unie, le Gondwana se disperse : l'Afrique et l'Amérique du Sud ensemble se détachent de l'Australie et de l'Antarctique, alors que l'Inde commence à voguer seule en direction du continent asiatique. Il s'ensuit une évolution des dinosaures différenciée selon les ensembles continentaux qu'ils occupent.

Dans les mers beaucoup de reptiles marins disparurent et les lézards volants cessèrent de planer comme au Trias. Ils sont remplacés par les Ichtyosaures et les Plésiosaures dans les océans et par les premiers oiseaux dans les airs. Les terres et les marais étaient le domaine incontesté des dinosaures, sauropodes herbivores, théropodes carnassiers, et ornithopodes encore peu nombreux, qui préparent néanmoins de spectaculaires évolutions.

C'est au Jurassique que vécurent les géants de ce groupe et aussi les animaux les plus grands qui aient jamais existé sur la terre. Ce sont eux qui ont fait la célébrité des dinosaures et qui n'ont cessé depuis leur découverte de hanter l'imagination des hommes fascinés par ces animaux qui, s'ils s'étaient promené dans les rues de nos cités, auraient atteint la hauteur du troisième étage de nos habitations.

Une curieuse façon de s'accoupler

Voyons comment se reproduisaient ces énormes masses. Du volumineux Brontosaure au plus petit représentant de l'espèce, tous les dinosaures avaient une façon uniforme de s'accoupler. La femelle sur ses quatre pattes se penchait en avant sur ses membres antérieurs et elle dressait sa queue en l'air en la tournant sur le côté. Le mâle maintenait sa partenaire à l'aide de ses pattes de devant posées sur ses épaules, les griffes de ses doigts servant à la maintenir en état d'immobilité. Une des pattes de derrière placée sur le dos de la femelle, il glissait sa queue sous la sienne de façon à ce que son organe sexuel entre en contact avec l'autre. La semence était alors déversée dans une poche spéciale et servirait à féconder les œufs. Leurs organes sexuels, à l'image de ceux des reptiles, n'étaient pas visibles de l'extérieur et le coït devait toujours être assez difficile à réaliser et ne pouvait avoir lieu que si la femelle n'y était pas opposée. Cette délicate opération, compte tenu de l'anatomie de l'appareil sexuel reptilien et de l'énormité de certains de ces animaux, était certainement précédée d'une « parade » nuptiale en usage chez la plupart des animaux évolués. On ignore évidemment les formes qu'elle empruntait, mais il devait s'agir d'attitudes particulières de la femelle, comme l'accroupissement, véritables signaux déclencheurs, qui avertissaient le mâle du moment propice.

Les plus grands du monde

Les plus spectaculaires des herbivores géants vécurent au Jurassique. Leurs noms sont bien connus du grand public. Le Diplodocus, dont le Muséum de Paris possède un squelette complet, mesurait 28 mètres de long, plus qu'un wagon de chemin de fer. La queue et le cou faisaient à eux seuls 22 mètres. Une petite tête minuscule pour un si grand corps contenait un cerveau très petit comparable à celui d'un chat. Ce long dinosaure avait un corps étroit, il ne pesait qu'une dizaine de tonnes, porté sur des pattes en forme de lourdes colonnes, comme tous les grands sauropodes de cette famille. Une autre particularité mérite d'être signalée : les os de la colonne vertébrale étaient creux et partant fort légers. Le Diplodocus passait le plus clair de son temps dans l'eau où il se nourrissait de plantes aquatiques tendres, car sa denture peu importante ne lui aurait pas permis de broyer des végétaux plus durs. Il venait aussi sur la terre ferme où il s'accouplait et où il pondait ses œufs. Les empreintes laissées par ces animaux ont appris qu'ils vivaient dans l'eau à la manière des actuels hippopotames, c'est-à-dire qu'ils ne nageaient pas au sens strict du terme; ils se contentaient de marcher sur le fond des marécages ou de flotter, la tête émergeant seule de l'eau. Ce genre de vie qui était celui de tous les sauropodes géants du Jurassique avait l'avantage d'alléger le poids énorme qu'ils avaient à déplacer et les mettait à l'abri de l'attaque des dinosaures carnivores qui ne s'aventuraient pas dans les terrains marécageux. Dans l'élément liquide leurs os creux et légers facilitaient leur flottaison, ils progressaient dans l'eau en contractant leurs pattes postérieures, celles de devant touchant seules le fond, comme en témoignent les traces qu'ils ont laissées et qui ont été retrouvées par les paléontologues dans les marais du Secondaire. Un proche parent du Diplodocus, le Brontosaure, encore appelé Apatosaure, s'il était un peu moins long, 25 mètres, pesait trois fois plus, avec un poids de 30 tonnes. Cette énorme masse venait quelquefois à terre mais se mouvait le plus souvent dans l'eau des rivières et des marais. D'autres sauropodes avaient une conformation différente. C'est le cas par exemple du Brachiosaure qui possédait des membres antérieurs plus hauts que ceux de derrière. Lorsqu'ils étaient debout leur épaule plus haute que leur bassin et la position de leurs narines placées sur le haut du crâne facilitaient leur séjour dans l'eau. Un de leurs ancêtres le « petit » Camarasaurus, de 18 mètres de long seulement, avait les pattes de devant plus courtes. Ce fut une bonne fortune pour les savants américains, lorsqu'en l'année 1922, ils découvrirent dans l'Utah, le squelette bien conservé d'un jeune Camarasaurus long de 5 mètres. Il permit de constater que dans leur jeune âge les dinosaures avaient une tête plus forte et un cou beaucoup plus court qu'à l'âge adulte. Il ne faut pas en effet imaginer que la croissance de ces « monstres » s'étendait sur des siècles. L'analyse de leurs os a démontré au contraire une croissance extrêmement rapide et la durée de leur vie ne devait pas dépasser celle des grands mammifères actuels, soit environ une cinquantaine d'années.

Le Brachiosaure, lui, mesurait plus de 30 mètres et on a récemment mis au jour aux Etats-Unis un de ces animaux qui aurait pesé une centaine de tonnes et dont la tête arrivait à 15 mètres au-dessus du sol. A côté des Diplodocus, des Brontosaures et des Brachiosaures qui sont les mieux connus des Sauropodes, existèrent également d'autres variétés encore plus gigantesques : l'Atlantosaure de 40 mètres et aux quatre membres à peu près égaux, enfin le formidable Gigantosaure, le recordman du groupe, avec ses 50 mètres de long...

Vie terrestre ou amphibie ? Une question controversée

La vie de ces animaux devait poser de nombreux problèmes, ne serait-ce que pour déplacer de telles masses. Les plus grands des Sauropodes étaient, on l'a vu, amphibies, et vivaient le plus souvent en milieu aquatique. Il semble que des animaux de la taille d'un brachiosaure n'aient rien eu à craindre des plus féroces dinosaures carnivores ; leur volume suffisait à les protéger efficacement contre tous les prédateurs.

Toutefois cette vision classique des grands dinosaures exprimée par les spécialistes a été vigoureusement contestée, voici une dizaine d'années, par un paléontologue américain, R. T. Bakker, du Museum de Yale. Toutes les hypothèses précédentes reposent bien entendu sur une reconstitution de leur squelette et sur son interprétation. Deux principes absolus président à ces reconstitutions : l'unité du plan de composition selon lequel tous les êtres dotés d'un squelette dur sont bâtis sur le même plan et celui de la corrélation des organes qui suppose qu'un animal qui se nourrit de viande possédera des dents tranchantes et des griffes pour dévorer et attraper ses proies. Ce sont deux savants français Etienne Geoffroy Saint-Hilaire et Cuvier qui énoncèrent ces lois qui font toujours autorité.

Or Bakker, en étudiant attentivement les fossiles de dinosaures et les traces laissées par les muscles sur les os, est parvenu à d'autres conclusions en ce qui concerne leur silhouette et leur genre de vie. Selon lui leur attitude aurait été beaucoup moins lourde et gauche. Leur allure aurait été plus agile, plus élégante, plus proche de celle des mammifères. Bakker croit en outre que les sauropodes géants menaient une vie exclusivement terrestre. Ce point de vue révolutionnaire est étayé, il faut le reconnaître, sur des arguments intéressants. Tout d'abord le savant de Yale fait remarquer que la denture des grands dinosaures, présumée incapable de brouter d'autres plantes que les herbes tendres aquatiques, est identique à celle de nos herbivores actuels capables de broyer des branchages. Il ne pense pas non plus que la narine placée au sommet de la tête soit propre aux animaux aquatiques, notre tapir, animal terrestre, est muni de ce caractère ; il en va de même pour la longueur du cou, la girafe n'évolue pas dans les eaux, alors que l'hippopotame qui a un cou très court est essentiellement marin.

La théorie du marais, refuge contre les carnivores, n'impressionne pas non plus Bakker qui rétorque que certains dinosaures carnassiers, comme le terrible Allosaure, étaient aussi d'excellents nageurs. Pour lui les Sauropodes se défendaient à terre avec leurs fortes queues qu'ils maniaient comme un fouet ainsi que le font toujours les crocodiles.

Un dernier argument

Un dernier argument assez percutant met en cause les ressources végétales des étendues lacustres. Bakker pense que ces grands troupeaux de Sauropodes, on a retrouvé effectivement les empreintes d'un groupe d'une trentaine de brontosaures, ne pouvaient se nourrir avec les seules plantes aquatiques. Le nombre des dinosaures herbivores, les énormes quantités de nourriture qu'ils étaient obligés d'engloutir pour nourrir leur corps gigantesque postulaient un genre de vie forestier dans un environnement riche en végétaux de toutes sortes.

Bakker explique ainsi l'effacement des mammifères à l'époque secondaire, effacement dû à la concurrence sévère des dinosaures qui occupent toutes les niches écologiques disponibles, y compris tout le milieu terrestre avec un squelette plus agile et un genre de vie plus exclusivement terrestre, que ceux correspondant à l'image traditionnelle qu'on en avait jusque-là donnée.

Les « chacals » du Jurassique

A côté des Sauropodes herbivores, cette époque connaît d'autres dinosaures, les Théropodes carnivores descendant du modeste Ornithosuchus du Trias. Les carnassiers du Jurassique sont déjà de redoutables prédateurs. Tous ces animaux sont des bipèdes avec des membres antérieurs réduits terminés par des doigts griffus. Leur tête est grosse avec un minuscule cerveau et leur mâchoire et leurs dents impressionnantes. Une longue queue raide et musclée servait à équilibrer leur course et constituait un point d'appui efficace lorsqu'ils bondissaient sur leurs proies. Grâce à leurs trois doigts de leurs pattes de derrière garnis de serres tranchantes, ils tuaient et dépeçaient leurs victimes.

Le Cératosaure avait une forme lourde et ne dépassait pas 5 mètres. Son crâne possédait une crête et des bourrelets osseux devant les yeux qui le protégeait dans les combats avec les autres dinosaures. Sa large bouche était pourvue de dents acérées. L'Allosaure lui, mesurait 11 mètres de long et pesait 2 tonnes. Ces grands animaux ne chassaient qu'en terrain découvert, dans des paysages de savane; ils ne pouvaient à cause de leur volume pourchasser dans les fourrés les petits animaux qui s'y réfugiaient.

Des carnivores comme l'Ornitholestes ou le Compsognathus n'avait pas ce genre de handicap. L'Ornitholestes, qui avait à peine 2 mètres, jouait le rôle de chacal. Il en allait de même du Compsognathus, de la taille d'un poulet, un des plus petits dinosaures trouvés jusqu'à maintenant. Ces petits carnivores ne manquaient pas de venir subtiliser quelques reliefs du festin des Allosaures ou des Cératosaures comme les hyènes et les chacals le font aujourd'hui dans la brousse aux dépens des lions.

Des mangeurs d'œufs

Ils s'attaquaient aussi aux petits animaux (insectes, lézards, petits mammifères) qu'ils traquaient dans les buissons et les taillis épais, et s'en prenaient même aux reptiles volants. Les paléontologues pensent que le minuscule Compsognathus n'hésitait pas à forcer ses proies en montant aux arbres et voient en lui l'ancêtre des premiers oiseaux. A l'appui de cette théorie, l'extrême ressemblance entre un squelette de Compsognathus et un squelette d'Archéoptéryx, le premier oiseau connu. Cet insignifiant petit dinosaure carnivore fut donc à l'origine de tous les oiseaux qui sillonnent aujourd'hui les airs!

Un autre petit théropode, le Struthiomimus, découvert au Canada, ressemblait à une autruche dont il avait le port et la démarche. Il devait courir assez rapidement car beaucoup de ses os étaient creux. Sa mâchoire en forme de bec ne paraît pas très adaptée à l'alimentation carnée et les spécialistes croient qu'il se nourrissait surtout d'œufs ou de charognes.

Un cousin du Compsognathus, le Corallestris, a été trouvé en 1972 en France, sur la Côte d'Azur, c'est une variété aquatique; des palettes natatoires ont remplacé les griffes des membres antérieurs, alors que les postérieures sont palmées. Ce petit dinosaure bon nageur trouvait sa pâture dans les eaux et attrapait poissons et crustacés.

Comment se protéger ?

Les Ornithopodes, descendants du petit Fabrosaure triasique, évoluent au Jurassique dans le même sens que les autres dinosaures, en prenant de la taille et du poids. Ils ressemblaient aux carnivores, se déplaçaient comme eux sur leurs deux pattes de derrière, mais ils en différaient cependant beaucoup. Leurs pieds étaient munis de sabots à la place de griffes, inutiles à ces herbivores qui se nourrissaient de feuillages arrachés aux arbres et aux buissons. Les Camptosaures étaient de puissants animaux mesurant 5 mètres de long pour un poids de 4 tonnes. Ils parcouraient les plaines du Jurassique en grandes hardes ; ce grégarisme leur servait à repousser les attaques des dinosaures carnassiers qui y regardaient à deux fois avant de s'attaquer à ces sauriens deux fois plus gros qu'eux. Leurs têtes plus longues que celles des autres dinosaures possédaient aussi un attribut nouveau chez les animaux de ce groupe, des joues qui leur permettaient d'emmagasiner une grande quantité de nourriture. Des dents acérées en bas, coupantes en haut garnissaient leur mâchoire en forme de bec. Les végétaux coupés par la mâchoire supérieure étaient repoussés dans les joues puis broyés par la denture de la mâchoire inférieure.

Dans les plaines alluviales ou marécageuses du Jurassique qui constituaient les paysages les plus répandus de cette époque, sous un climat favorable, dans une atmosphère tropicale de serre chaude engendrant une abondante végétation, le seul problème grave qu'eurent à résoudre les dinosaures herbivores, fut celui de leur sécurité. Echapper d'une manière ou d'une autre aux terribles sauriens carnivores tel fut leur «combat pour la vie». Les grands sauropodes réglèrent la question en acquérant une taille gigantesque et en devenant des animaux amphibies. Les Ornithopodes agiles, au squelette plus léger, cherchèrent une solution dans la fuite ou, comme les Camptosaures, se rassemblèrent en grands troupeaux pour imposer leur nombre à leurs adversaires.

Stégosaures et Ankylosaures choisissent l'armure

D'autres adoptèrent un autre moyen de défense: l'armure. Ce fut le cas de deux espèces issues des Ornithopodes, les Stégosaures du Jurassique et les Ankylosaures du Crétacé. Sans contredit ces deux familles comptent parmi elles les dinosaures les plus extraordinaires et les plus spectaculaires que nous connaissions.

Les Stégosaures ont fait les beaux jours des auteurs des films de science-fiction à cause de leur aspect fantastique. C'étaient pourtant de bien paisibles bêtes malgré leur apparence d'animaux de cauchemar. L'ancêtre commun des Stégosaures et des Ankylosaures, le Scélidosaure vivait au début du Jurassique. Retrouvé en Angleterre, ce dinosaure de 4 mètres de long avait le corps semé de petites pointes osseuses. Le plus grand de cette espèce fut le Stégosaurus; il pouvait atteindre 9 mètres et pesait près de 2 tonnes. Son corps massif était supporté par quatre membres en colonnes, pareils à ceux des éléphants et ceux de devant étaient plus courts. Son dos était protégé par de larges plaques osseuses triangulaires dont la plus grande, placée au milieu, avait plus d'un mètre, la queue par contre était armée de plusieurs paires d'épines. L'animal était certainement difficile à approcher et peu de carnivores devaient s'y frotter. On avait cru jusqu'à une date récente que les plaques du dos étaient dressées verticalement mais depuis peu des paléontologues se sont aperçus qu'elles pendaient de chaque côté de l'animal, ce qui lui assurait une excellente protection. En outre, ces plaques pouvaient servir à frapper le prédateur qui aurait attaqué le Stégosaurus de flanc et avaient aussi un rôle de contrepoids lorsqu'il se dressait sur ses pattes de derrière pour brouter le feuillage des arbres. Cet étrange quadrupède avait un cerveau extraordinairement petit, il ne pesait que 70 grammes, et n'était pas plus gros qu'une noix, pour un poids total du corps voisin de 2 tonnes!

Les recherches actuelles ont également fait justice de croyances anciennes. L'animal ne doit plus être représenté avec les pattes antérieures fléchies, mais droites comme les postérieures et surtout il ne possédait pas de second cerveau, un cerveau-relais placé au sommet de la queue.

Il s'agissait plus simplement d'une énorme glande destinée à produire le glucose, nécessaire à l'animal, pour qu'il puisse mouvoir les muscles de son énorme arrière-train caparaçonné et de ses membres postérieurs. Grâce aux patientes reconstitutions des spécialistes, le Stégosaurus apparaît aujourd'hui comme mieux adapté au milieu dans lequel il vivait.

Un char d'assaut vivant

Un cousin africain du Stégosaurus, le Kentrosaure fut le mieux cuirassé de tous les Stégosauriens. Ce véritable char d'assaut avait la queue jusqu'à son extrémité, et une partie du dos entièrement hérissés de terribles pointes très longues ; ses flancs présentaient deux épines dirigées latéralement. Le cou et la partie antérieure du dos s'ornaient de plaques verticales. Les paléontologues qui l'ont découvert en Afrique orientale ont acquis la certitude que ces pointes étaient fixées directement sur la peau et qu'elles n'avaient aucune racine dans le squelette de l'animal. Ces curieux dinosaures allaient donner naissance au Crétacé à une autre espèce, celle des Ankylosaures.

C'est au milieu du Crétacé que la Terre prend l'aspect qui est le sien aujourd'hui. Les divers continents se mettent en place. L'Afrique se sépare définitivement de l'Amérique du Sud et l'Eurasie de l'Amérique du Nord et ces deux morceaux d'Amérique vont se trouver pour la première fois réunis. Le climat et les paysages n'enregistrent pas de changements notables, les montagnes restent peu nombreuses et d'immenses plaines humides continuent de recouvrir la Terre. La végétation, elle, évolue et les plantes à fleurs entreprennent de conquérir le globe. Il est probable que ces modifications de la végétation ont favorisé certaines espèces au détriment d'autres, principalement dans les régions nordiques où prospéraient les plantes à fleurs.

Lorsqu'il y a 100 millions d'années les grands continents se trouvèrent définitivement séparés, leur faune de dinosaures évolua différemment, compte tenu de leur nouvel environnement. Les changements furent surtout importants dans les ensembles septentrionaux à cause de l'apparition de nouvelles plantes.

Les gigantesques Sauropodes qui avaient connu leur apogée au Jurassique se mirent à décliner lentement. Ils survécurent cependant jusqu'à la fin de l'ère secondaire et disparurent brusquement en même temps que tous les autres dinosaures. Au Sud ils évoluèrent peu, ne furent pas beaucoup concurrencé et continuèrent de dominer en nombre.

Le déclin des grands sauropodes

A la fin du Crétacé apparaît en Afrique le Dicraeosaure qui rappelle avec ses 13 mètres de long son ancêtre le Diplodocus. Son échine bosselée par les excroissances de sa colonne vertébrale lui donne une allure curieuse. En Afrique, mais également à Madagascar, dans l'Inde, en Europe et surtout sur le continent américain, on a retrouvé des fossiles de Titanosaures, des animaux au squelette allégé et qui vivaient en grands troupeaux. Une espèce plus petite, l'Hypsélosaure a été découverte en France dans la région rhodanienne, avec leurs œufs, dont certains renfermaient encore un embryon d'Hypsélosaure non éclos. Ces œufs longs de 33 centimètres (le double des œufs d'autruche) sont les plus grands qu'ont retrouvé les paléontologues.

Un autre géant l'Antarcotosaure qui mesurait probablement 30 mètres de long fut mis au jour en Asie centrale et en Patagonie. Enfin une récente expédition a ramené de Madagascar un dinosaure, le Bothriospondyle qui possédait un fémur de 1 mètre 70.

Au Nord il en alla autrement et ils se heurtèrent à la prolifération des Ornithopodes qui n'avaient guère fait parler d'eux à l'époque antérieure et qui explosèrent au Crétacé, et à deux groupes nouveaux, les Ankylosaures et les Cératopsiens. Les Brachiosaures, les Diplodocus, les Brontosaures ne disparurent donc jamais durant toute l'ère des Dinosaures mais sur les continents nordiques, étouffés par la vitalité des autres espèces, ils se firent de plus en plus rares.

« Tyrannosaurus Rex »

Les Carnivores eux n'avaient aucune raison de diminuer en nombre ; au lieu de dévorer des Sauropodes, herbivores pour herbivores, ils s'attaquèrent avec le même appétit aux Ornithopodes. Au Crétacé ils atteignirent leur plus grande taille avec le terrifiant Tyrannosaure, le plus terrible prédateur qui ait vécu sur la terre. Long de 15 mètres, il pesait une dizaine de tonnes. Il possédait un crâne puissant, une mâchoire plantée de 200 dents aiguës et tranchantes et des serres redoutables aux membres postérieurs. Les pattes de devant, grêles mais musclées, lui servaient surtout à se relever lorsqu'il reposait sur le sol et lui évitaient de voir sa tête et le haut de son corps basculer en avant. Debout, il se tenait dans une position horizontale, et non dressée, comme on l'a cru jusqu'alors, avançait par petites enjambées d'un mètre en se dandinant disgracieusement. Comme pour beaucoup d'autres dinosaures, sa lourde queue lui servait de balancier. Le Tyrannosaure s'attaquait pour se nourrir à des herbivores, ses combats avec d'autres dinosaures carnivores étaient meurtriers; il se servait alors moins de ses dents que de ses pattes postérieures formidablement armées grâce aux énormes griffes qui terminaient ses orteils.

Le premier qui trouva le squelette d'un Tyrannosaure fut un jeune paléontologue américain, Barnum Brown, qui explorait en 1902 des gisements dans le Montana, un Etat du nord des Etats-Unis. En 1908, ce même savant eut la chance de récupérer trois autres fossiles de cet animal tout près du site originel.

Des «cousins» du Tyrannosaure ont été découverts: le Gorgosaure et l'Albertosaure au Canada, le Tarbosaure en Mongolie. Les carnivores canadiens étaient plus petits (moins de 10 mètres) que le Tyrannosaure, mais le Tarbosaure, par contre, était presque aussi grand, surtout son aspect était encore plus repoussant, puisque cet animal de cauchemar avait le corps entier recouvert de pustules; toutefois il était moins redoutable, car il semble s'être nourri principalement de charognes.

D'étranges carnassiers

En Afrique vivait un étrange carnassier, le Spinosaure. Ce dinosaure, prenant modèle sur l'ancien Dimetrodon, avait dressé sur son dos une sorte de voile en forme de crête qui lui servait à régler sa température interne. Il a été retrouvé en Egypte et dans le désert du Ténéré, au nord du Niger. Sa membrane dorsale était soutenue par des pointes osseuses qui atteignaient près de 2 mètres, ses pattes antérieures, au contraire de celles des autres grands Théropodes, étaient plus puissantes. Grâce à ces diverses caractéristiques le Spinosaure comptait sans doute parmi les plus actifs et les plus rapides de tous les dinosaures carnivores.

Le plus agile était toutefois le petit Deinonychus de 2 mètres de long, retrouvé au Montana en 1964. Son nom qui signifie la « terrible griffe » laisse assez entendre qu'il était solidement armé ; en l'occurrence d'une énorme griffe en forme de faucille qui lui permettait de s'attaquer à des herbivores beaucoup plus gros que lui.

Il les attaquait probablement en leur sautant sur le dos, et, bien agrippé par sa griffe, il les dévorait vivants.

Des Théropodes encore plus petits ont été retrouvés dans les déserts de l'Asie centrale et en Mongolie. Ces minuscules carnivores se nourrissaient surtout des œufs d'autres dinosaures qu'ils dérobaient dans les nids. Une expédition a découvert en 1971 une scène étonnante fossilisée dans les sables de Mongolie. Un de ces animaux, un Velociraptor, a été surpris par une tempête de sable au moment où il saisissait la tête et le cou d'un Protoceratops qui l'empêchait de lui voler ses œufs. C'est d'ailleurs le seul exemple d'un combat de dinosaures qui nous soit parvenu, tous les autres ayant été reconstitués par les paléontologues. L'Oviraptor, comme son nom l'indique, ravissait lui aussi les œufs des autres espèces.

Un mystérieux carnivore, le Deinocherus, «la main terrible», habitant également la Mongolie, se distinguait par des membres antérieurs de 2 mètres 50, c'est-à-dire plus longs que tout le corps du Velociraptor ou de l'Oviraptor! Il s'agissait certainement d'un gigantesque carnassier mais le reste du squelette étant encore inconnu, il faut attendre de nouvelles découvertes.

Le Charcharodontosaure d'Afrique, lui, était plus important, puisqu'il pesait 3 tonnes pour une taille de 15 mètres. Ses dents longues et pointues comme un couteau en faisaient un redoutable prédateur.

Formidablement armé

On a vu au Jurassique des groupes de dinosaures herbivores, pour échapper aux attaques des grands carnivores, se protéger en pourvoyant leur corps d'une armure efficace; ç'avait été le cas des Stégosaures revêtus de plaques osseuses recouvertes de pointes. Ils s'éteignirent à la fin du Jurassique et furent alors remplacés par les Ankylosaures. Ceux-ci ressemblaient à de grosses tortues; leur corps était entièrement cuirassé. Le premier, l'Acanthopolis d'Angleterre, mesurait 4 mètres et sa cuirasse en partie articulée lui permettait une certaine souplesse de mouvements. Le Polacanthe était encore mieux défendu car d'énormes pointes hérissaient les plaques de son armure jusqu'au milieu du dos, tandis que des pointes triangulaires ornaient sa queue.

L'Europlocephalus aves ses 3 tonnes était un véritable char d'assaut vivant; sa queue terminée en massue devait infliger de terribles blessures à ses ennemis. Celle du Scolosaurus trouvé au Canada, dans l'Alberta, était garnie de pointes.

Un autre Ankylosaure, le Palaeoscinque, semble avoir été le plus formidablement armé de cette famille. De chaque côté de son corps des pieux aigus fixés perpendiculairement sur sa carapace empêchaient n'importe quel prédateur non seulement de l'attaquer, mais même de l'approcher.

Les Ankylosaures, lourds et aussi peu mobiles que des chevaliers cuirassés du Moyen Age, se sont cependant répandus du Nord du continent américain jusqu'en Europe et en Asie. Malgré leur aspect impressionnant c'était des animaux paisibles qui vivaient dans des régions arides. Ils devaient brouter la végétation de cactus qui poussent dans ces zones. Leur combats pour la défense de leur territoire ou pour s'approprier une femelle devaient consister en affrontements peu sanglants, où la queue maniée comme un fouet était l'arme principale utilisée.

Malgré leur armure, les Ankylosaures avaient pourtant un point faible, leur ventre sans protection. Tout laisse supposer que les grands carnivores le connaissaient, car les squelettes retrouvés l'ont tous été avec le ventre en l'air, preuve que leurs ennemis les renversaient sur le dos avant de déchirer leurs entrailles. Il fallait toutefois que ces carnivores soient de belle taille et assez puissants pour retourner avec leurs pattes ces «blindés» de 3 tonnes.

La découverte de Bernissart

Les Ornithopodes, encore discrets au Jurassique, deviennent au Crétacé le groupe de dinosaures numériquement le plus important et le plus diversifié et ils donneront même naissance à une nouvelle famille de dinosaures, celle des étonnants Cératopsiens. Un de ses plus célèbres représentants, l'Iguanodon, fut retrouvé en Belgique. La découverte au mois de mars 1878 de toute une troupe de ces animaux allait frapper d'étonnement le monde des savants et le grand public. C'est dans une mine de charbon, celle de Bernissart, que des mineurs tombèrent sur un énorme amas d'ossements fossilisés. Il fallut trois années pour exploiter ce gisement qui se révéla une véritable caverne d'Ali Baba pour paléontologues, puisque ce sont les restes de 31 Iguanodons qui purent être reconstitués. Aujourd'hui 11 de ces squelettes se dressent dans une salle du Muséum d'Histoire Naturelle de Bruxelles et la vision qui s'offre aux visiteurs est une des plus impressionnantes que l'on puisse voir.

L'Iguanodon avait été mis au jour pour la première fois une cinquantaine d'années auparavant, en 1822 exactement, grâce à un couple de voyageurs de la diligence Londres-Lewes. Au cours d'un arrêt près de la ville de Cuckfield, l'épouse du Dr Mantell qui avait voulu s'isoler quelques instants, remarquait entre les buissons des dents de grande dimension. Soumise à la sagacité du docteur, elles furent identifiées par celui-ci comme ayant appartenu à un reptile herbivore disparu. Leur ressemblance avec celle de l'iguane américain, qu'il connaissait, fit qu'il baptisa Iguanodon, c'est-à-dire «dent d'iguane», l'animal auquel elles appartenaient. Pris d'une soudaine passion pour sa découverte, le Dr Mantell prospecta la région et il parvint à retrouver encore plusieurs ossements.

Un festin dans un squelette

Il connut le triomphe en 1851 lorsqu'à l'occasion de la grande Exposition de Londres, les savants reconstituèrent le squelette entier d'un Iguanodon. L'inauguration donna lieu à une curieuse cérémonie qui rassembla à l'intérieur du squelette tout ce que la Grande-Bretagne comptait de paléontologues, réunis autour d'une table de festin.

Mais malheureusement les nombreux os manquants n'avaient pas permis une reconstitution fidèle et pour ne donner qu'un exemple des nombreuses erreurs dues aux joyeux convives de l'Exposition, ceux-ci avaient placé sur le bec de l'Iguanodon une épine osseuse qu'ils ne savaient où mettre. Or, après les trouvailles de Bernissart, il s'avéra que c'était une griffe du pouce de son membre antérieur.

Après Bernissart on connut parfaitement l'Iguanodon. Ces animaux longs de 11 mètres et hauts de 6 mètres se déplaçaient sur leurs deux pattes arrière, en grands troupeaux, à la recherche de leur nourriture dans les plaines humides du Crétacé. Il s'agissait bien d'herbivores comme l'avait justement pressenti le docteur Mantell et la longue griffe de leur main leur servait sans doute à dépouiller les arbres de leur écorce et à se défendre. Le crâne, qui rappelle celui d'un cheval, était doté d'une mâchoire recouverte d'un bec corné, dépourvu de dents sur l'avant. L'animal coupait les végétaux avec son bec puis il les broyait avec ses dents. Vivants en grands troupeaux ils avaient un instinct grégaire développé.

Il est probable que les Iguanodons de Bernissart effrayés par une cause quelconque, peut-être un de ces violents orages fréquents au Crétacé, se soient précipités aveuglément dans un ravin, comme aujourd'hui les troupeaux de moutons dans les montagnes, là où ils furent retrouvés en 1878, voici juste un siècle.

Une légende africaine

D'autres Ornithopodes du Crétacé présentaient de grandes similitudes avec l'Iguanodon. C'est le cas de l'Ouranosaure retrouvé dans le gisement de Gadoufaoua, au Niger, dans le désert de Ténéré, riche en fossiles de dinosaures. Sa découverte est récente puisqu'elle date seulement de 1975. Cet animal ressemblait fort à l'Iguanodon mais il possédait, comme le Spinosaure, une membrane en forme de voile sur le sommet de son dos, membrane supportée par de longues épines qui prenaient naissance dans les vertèbres, cette voile, comme les autres du même genre, était destinée à rafraîchir le corps de l'Ouranosaure.

Un peu moins grand que l'Iguanodon (7 mètres de long et 4 mètres de haut) il se nourrissait comme lui de végétaux, des araucarias, et possédait également le même pouce terminé en poignard.

Il est amusant de constater que son nom lui a été

donné en quelque sorte par les indigènes. Ceux-ci croient en effet qu'un de leurs ancêtres, Ouran, avait été transformé par Dieu, en lézard pour le punir d'avoir volé un chameau!

Un autre animal de la même espèce, le Tenontosaure avait une queue de 5 mètres pour une longueur totale de 8 mètres. Il pesait une tonne et semble avoir mené une vie en partie aquatique, sa longue queue lui servant alors à nager.

L'Hypsilophodon, par contre, était un petit dinosaure, haut de 60 centimètres pour un poids qui ne dépassait pas 70 kilos. Il avait des pattes longues et musclées qui lui permettaient de courir vite et même de sauter. Les spécialistes pensent que l'Hypsilophodon était le plus rapide de tous les dinosaures. Son corps n'était recouvert que d'une très mince carapace protectrice et il devait surtout chercher son salut dans la fuite. On a cru un moment, et on écrit toujours à tort qu'il passait une partie de sa vie dans les arbres, mais la disposition de ses orteils a permis de réfuter cette erreur. Cet Hypsilophodon a été retrouvé au sud de l'Angleterre, dans l'île de Wight.

Les dinosaures à crâne épais

Un exemple supplémentaire, qui confirme la grande diversité des dinosaures herbivores du Crétacé, est fourni par l'existence d'une famille assez mystérieuse, dont on a retrouvé seulement quelques fossiles, et dont on ignore à peu près tout de ce qui a trait à leur genre de vie. On sait seulement que ces animaux vivaient en Amérique du Nord, en

Europe et en Asie. Leur ancêtre commun, l'Yaverlandia, avait la taille d'un gros dindon et déjà le sommet de son crâne était revêtu de plaques osseuses. Cette particularité, qui allait devenir le caractère distinctif de cette famille, deviendrait chez le Stegoceras un véritable casque osseux très épais. Leur cerveau aussi petit que celui des autres dinosaures ne justifiait pas une telle protection, et force est de conclure que cette armature du crâne servait à d'autres fins. L'hypothèse la plus logique, et la plus couramment admise, consiste à imaginer que les « dinosaures à crâne épais » l'utilisaient pour combattre entre eux dans leur lutte pour la suprématie sociale ou la conquête des femelles.

Aujourd'hui les béliers et les boucs ont des comportements semblables. En dehors de leur « armure crânienne » ces dinosaures paraissent avoir été assez vulnérables, mais ils ont survécu pourtant durant des millions d'années. Le plus impressionnant du groupe était le Pachycéphalosaure du Canada. En plus des plaques osseuses cinq fois plus épaisses que celles du Stegoceras, le sommet de son crâne était en outre hérissé de pointes et d'excroissances qui devaient lui donner un aspect fort bizarre. Dans un premier temps les savants avaient cru que ces protubérances pouvaient être le fruit d'une maladie due à un dérèglement glandulaire, mais on pense maintenant qu'il s'agissait simplement de renforcer la protection de la tête pour des combats sans merci au cours desquels ces animaux se ruaient l'un contre l'autre de toutes leurs forces.

Emotion chez les paléontologues

Trente ans après les découvertes d'Iguanodons dans les mines de Bernissart, le petit monde des paléontologues allait connaître de nouvelles émotions. En 1908, en effet, des chercheurs mettaient au jour dans le Wyoming des restes très particuliers de dinosaures fossilisés. Ces vestiges n'étaient pas constitués par le seul squelette. D'ordinaire, les dinosaures retrouvés dans les zones marécageuses n'avaient laissé que leurs os dépouillés de toute trace de peau ou de tissu. Dans le cas du Wyoming on avait affaire à des fossiles qui s'étaient desséchés et qui avaient gardé toute leur peau.

Morts dans un endroit aride, ces dinosaures avaient été ensuite recouverts par le sable. L'autre nouveauté dans cette découverte est qu'ils n'appartenaient à aucune espèce alors connue et ceci mit le comble à l'excitation des savants.

On venait en effet de trouver la famille de dinosaures la plus nombreuse et la plus répandue existant à la fin du Crétacé sur la surface de la Terre, à la fin de l'ère même des dinosaures, celle des Hadrosaures.

Ces animaux dont les plus grands mesuraient 9 mètres et pesaient près de 3 tonnes ont été retrouvés en Amérique du Nord, en Europe (France, Angleterre, Balkans) en Asie centrale et orientale depuis l'Indochine jusqu'au nord du Japon en passant par la Chine et la Mongolie. De très nombreuses trouvailles ont permis de dresser un tableau complet de leur « arbre généalogique ». On distingue trois groupes principaux de dinosaures « à bec de canard». Tel est en effet leur caractéristique principale. Ils se différencient surtout par la forme et la structure de leur tête.

2000 dents dans une seule mâchoire!

A côté des Hadrosaures au crâne aplati (Edmontosaure, Anotosaure) ont distinguait ceux au crâne muni d'une crête pleine et ceux dont le crâne possédait une crête creuse. Ces crêtes, qui étaient parfois plus longues à elles seules que le crâne entier a longtemps posé une énigme aux paléontologues et ils ne l'ont résolue que récemment.

Les premiers n'ont jamais été pourvus de crêtes et se sont contentés de développer leur crâne en différentes formes. L'Anatosaure avait un bec de canard très plat et très long. Il se mouvait sur ses deux pattes arrière, avait les doigts de la main palmés et des sabots aux extrémités des membres postérieurs. Toutefois si les doigts avant étaient palmés, deux portaient également des sabots. On a malheureusement pas retrouvé les membranes qui auraient pu exister aux membres postérieurs.

Quoi qu'il en soit, il ressort déjà que ces curieux animaux devaient avoir un genre de vie à la fois terrestre et aquatique. Leur denture laisse d'ailleurs penser qu'ils vivaient plus sur terre que dans les eaux. Celle-ci est impressionnante puisqu'on a retrouvé parfois plus de 2000 dents dans une seule mâchoire! Elles étaient rangées sur plusieurs rangs, serrées les unes contre les autres. Adaptées à broyer des végétaux durs et fibreux abondants au Crétacé, elles dénotent un genre de vie surtout terrestre car cette denture aurait été inutile pour brouter les tendres plantes aquatiques. Or les déchets fossilisés d'aliments retrouvés dans leur estomac montrent que les plantes terrestres (branchages, aiguilles de pin, fruits) comptaient pour 95 % dans leur alimentation. Leur queue plate et allongée bien adaptée à la nage, leurs pieds palmés tendent à prouver cependant qu'ils vivaient beaucoup dans l'eau. C'est cette contradiction qu'eurent à résoudre les spécialistes.

La crête mystérieuse des Saurolophes

Un second groupe d'Hadrosaures, celui des Saurolophes, possédait une crête osseuse pleine qui prolongeait les os du crâne soit à l'avant, comme chez le Tsintaosaure de Chine chez lequel elle s'était transformée en une véritable défense de rhinocéros, soit à l'arrière, c'était le cas pour le Brachylophosaure du Canada.

Dans le troisième et dernier groupe on trouve les plus étranges et les plus spectaculaires représentants de cette famille. C'est ainsi que le « Parasaurolophus tubicens » portait une gigantesque crête de 2 mètres (1 fois et demie la longueur de la tête) qui se recourbait loin en arrière du crâne.

Chez d'autres, cette crête se trouvait au-dessus des yeux sur le devant de la tête, c'était le cas pour le « Lambeosaurus magnicristatus » à la crête si énorme qu'elle était deux fois plus importante que le crâne tout entier. Chez le Corythosaure par exemple cet appendice était moins étrange et constituait une sorte de casque assez harmonieux ressemblant assez à celui qui orne aujourd'hui la tête du casoar d'Australie.

Toutes ces crêtes étaient fort différentes, mais elles avaient néanmoins une ressemblance entre elles: toutes étaient creuses. Cette particularité intrigua longtemps les savants. Certains paléontologues à l'imagination fertile crurent trouver une explication en comparant les fameuses crêtes aux... bouteilles d'oxygène des plongeurs! Selon eux, les Hadrosaures emmagasinaient de l'air dans leur crête dont ils se servaient lorsqu'ils nageaient sous les eaux. Cette théorie plus que fantaisiste fut vite abandonnée lorsqu'on eut fait remarquer que la quantité d'air contenue dans les crêtes aurait été insuffisante pour remplir les poumons de l'animal et, de plus, on ne connaît aucun autre exemple semblable dans la nature.

L'énigme fut résolue lorsque des restes de ces crânes mieux conservés que d'autres en permirent une analyse plus précise. On s'aperçut alors que la crête des Hadrosaures n'était que le prolongement de l'os nasal, c'est-à-dire que toute cette cavité était remplie par le réseau des conduits nasaux. C'est donc le sens olfactif qui était le grand bénéficiaire; le réseau nerveux de l'odorat extraordinairement développé chez les Hadrosaures à crête creuse était logé tout entier dans ce singulier appendice.

Pour échapper à leurs ennemis

On peut donc en conclure que ces animaux avaient un odorat extraordinairement développé. Les Hadrosaures qui ont par ailleurs traversé des millions d'années sans posséder aucun système de défense efficace, ni armure protectrice, ni ergots aiguisés, devaient trouver leur salut dans la fuite et pour cela il leur était nécessaire de « découvrir » leurs ennemis, c'est-à-dire les grands prédateurs carnivores, comme le Tyrannosaure, longtemps à l'avance et l'odorat jouait sans doute le rôle principal.

Il y était aidé par le sens de la vue, lui aussi excellent. Les Hadrosaures étaient munis d'une orbite oculaire importante et leurs yeux avaient 10 centimètres de large et un nerf optique très développé. Ces animaux hauts sur leurs pattes de derrière étaient à même d'apercevoir leurs ennemis de loin quand, mal placés par rapport au vent, leur odorat ne leur aurait pas permis de les déceler.

A une excellente vue, les Hadrosaures joignaient un appareil auditif très perfectionné. Les os de l'oreille, très petits et fragiles, ont en général disparu lorsque les paléontologues mettent au jour des squelettes vieux de dizaines de millions d'années; aussi les spécialistes se sont longtemps demandé si les dinosaures pouvaient entendre. Heureusement, grâce à la découverte du crâne d'un Corythosaure, ce « Casoar » du Crétacé, les chercheurs ont constaté qu'il était pourvu des petits os de l'ouïe. Ils étaient même très délicats, donc très sensibles, puisque chez un dinosaure de 9 mètres, l'os vibratoire de l'oreille mesurait seulement 5 centimètres pour une épaisseur de 2 millimètres.

On est donc en droit d'affirmer que non seulement les dinosaures entendaient, mais que certains, comme les Hadrosaures, avaient une ouïe très fine.

La nature qui avait refusé aux Hadrosaures les

moyens de défense classique les avait en compensation dotés d'un odorat, d'une vision et d'une oreille particulièrement développés qui leur permirent d'échapper le plus souvent à leurs ennemis.

Les Dinosaures étaient-ils muets?

Une question n'a pas encore été résolue, celle de savoir si les dinosaures émettaient des sons comme la plupart des animaux plus évolués, mammifères, et oiseaux. Aujourd'hui les reptiles qui existent sont tous muets, sauf cependant les crocodiles qui sont des animaux assez bruyants. Or les crocodiles sont parmi les reptiles vivants les plus proches parents des dinosaures du Secondaire. Si l'on songe que les crocodiles sont des reptiles moins évolués que les dinosaures, on est autorisé à penser que les Brontosaures ou les Tyrannosaures devaient être capables de meubler les espaces anciens du concert de leurs mugissements, mais, il est évident qu'on ne connaîtra jamais la nature des sons qu'ils étaient susceptibles d'émettre.

Un point reste pourtant à élucider; on s'explique mal la raison, non des crêtes creuses indispensables à l'activité de leur odorat, mais de l'extraordinaire diversité de leurs formes. A cela les zoologues ont une excellente réponse tirée de leur expérience actuelle. Chez beaucoup d'animaux très ressemblants, ce qui était le cas des Hadrosaures, les individus d'une même espèce se différencient par un attribut particulier qui joue alors le rôle d'un signe de reconnaissance grâce auquel mâles et femelles ne risquent pas de s'accoupler avec un étranger. Les jeunes de leur côté, peuvent reconnaître d'emblée leurs parents et la variété des crêtes, chez les Hadrosaures, répondait en fait à cet impératif.

Ces animaux merveilleusement adaptés à leur milieu ne laissaient pas pourtant d'intriguer les savants qui n'avaient pu résoudre une importante contradiction, celle de leur adaptation à la vie aquatique et de leur alimentation presque exclusivement terrestre. La solution se trouvait certainement dans l'étude de leur milieu naturel et de leur genre de vie. Les Hadrosaures vécurent dans les plaines alluviales et les régions marécageuses, partout où régnait un climat tropical favorisant une végétation luxuriante.

Curieusement ces dinosaures les plus nombreux à la fin du Crétacé étaient mal protégés de leurs ennemis, ne possédant aucune arme offensive (griffes) ou défensive (armure) et ils semblent avoir été trop lourds pour courir. Leur odorat, leur ouïe et leur excellente vue ont certainement représenté leurs meilleurs atouts. Ils pouvaient découvrir leurs ennemis longtemps à l'avance ce qui leur laissait la possibilité de s'enfuir dans l'eau pour s'y cacher.

Les jeunes dans l'eau, les adultes sur terre!

Leur corps, on l'a vu, était aussi bien adapté à la nage. L'examen de leur squelette a démontré qu'ils étaient dotés d'une colonne vertébrale solide qui leur permettait de progresser dans l'eau par ondulations successives à la façon des actuels iguanes de mer, leur queue plate leur servant de propulseur. N'oublions pas non plus qu'ils avaient les pieds palmés. Pourtant ce que l'on sait par ailleurs de leur denture et de leur alimentation en fait sans contredit des animaux terrestres qui passaient sur terre le plus clair de leur temps. Peut-on dire dans ces conditions que l'évolution de leur squelette vers la vie aquatique se soit produite juste pour permettre à ces animaux de se réfugier dans les eaux en cas de danger ? Cela semble bien improbable.

La clef de l'énigme est à chercher dans un changement de leurs conditions de vie au cours de leur existence. On a en effet remarqué qu'aucun jeune Hadrosaure n'a été retrouvé par les paléontologues au même endroit que les fossiles d'animaux adultes. Les spécialistes en ont donc justement conclu que les femelles devaient pondre leurs œufs près des lacs et marais où les petits passaient les premières années de leur vie à l'abri des prédateurs, en se nourrissant de plantes aquatiques.

Peu à peu, avec l'évolution de leur denture et la croissance de leur taille, ils s'aventuraient à terre, et y consommaient les matières végétales plus dures. Alors ils retournaient seulement dans le milieu aquatique pour y fuir les dinosaures carnivores. Cette existence aquatique dans leur jeune âge, terrestre lorsqu'ils devenaient adultes, répond aux caractères apparemment contradictoires de leur squelette.

Si nous nous sommes arrêtés longtemps sur les Hadrosaures, c'est parce qu'ils constituaient à la fin du Crétacé la grande majorité des dinosaures qui vivaient sur une planète qui ressemblait fort à la nôtre, que leur environnement rappelait celui que nous connaissons ; les plantes, les arbres parmi lesquels évoluèrent les dinosaures de la fin de l'ère secondaire sont les mêmes que les nôtres. Enfin c'est eux qui subirent la mystérieuse catastrophe qui mit brusquement fin à l'existence d'une espèce animale qui fut la plus extraordinaire à avoir vécu sur la Terre.

Un bec d'oiseau de proie

Mais avant d'aborder l'énigme de la disparition des dinosaures, il nous reste à nous pencher sur le dernier groupe de ces animaux à apparaître dans l'évolution, celui des monstrueux Cératopsiens. Ils se caractérisent par un bouclier cervical osseux orné de cornes. Contrairement aux autres Dinosauriens dotés d'un long cou et d'une longue queue, avec une petite tête, les Cératopsiens ont un corps trapu, un tronc puissant, quatre membres égaux reposant tous sur le sol. Ils ressemblaient plus à nos rhinocéros, mais à des rhinocéros géants de 6 mètres de long pour trois de hauteur, avec une tête énorme, monstrueusement cuirassée et terminée par un bec d'oiseau de proie. Cette tête se prolongeait vers l'arrière en forme d'un épais entonnoir osseux qui recouvrait le cou et le haut des épaules. Cette tête pouvait atteindre 2 à 3 mètres et elle portait en plus des cornes sur l'avant du nez et au-dessus des yeux.

L'ancêtre des Cératopsiens est un Ornithopode herbivore retrouvé en Mongolie, le Psittacosaure, un reptile de 2 mètres lourdement bâti, sans moyen de défense. Son étrange bec de perroquet lui a donné son nom. Il ne possédait aucun bouclier osseux. Le premier véritable Cératopsien, est le Protoceratops retrouvé lui aussi en Mongolie.

C'était un petit animal de 2 mètres de long comme le Psittacosaure, mais avec une queue plus petite et une tête plus forte. Le poids de son crâne l'obligeait, au contraire du Psittacosaure, à marcher sur ses quatre pattes. Sa tête s'allongeait en un bec de perroquet très dur. Les dents du Protoceratops longues et tranchantes étaient bien adaptées à la nourriture qu'il pouvait trouver dans les régions arides qu'il habitait. Il semble que ces petits animaux assez vulnérables s'étaient réfugiés en bordure des déserts pour échapper aux dinosaures carnivores.

La végétation disponible était peu variée et surtout constituée de palmiers, et les Protoceratops, grâce à leur bec et à leurs dents, étaient capables de consommer ces plantes coriaces. En même temps les bosquets touffus de palmiers leur assuraient un abri efficace contre les prédateurs, leur bouclier osseux qui s'étendait jusque sur leur cou étant leur seul moyen de défense. Il servait de support à des muscles puissants reliés à la mâchoire qui leur permettaient de mastiquer les matières végétales les plus coriaces et de soutenir leur lourde tête.

Dans le désert de Gobi

Les palmiers fournissaient également leur sève, une matière laiteuse, sucrée et nourrissante, qui les désaltérait. Pourtant le plus intéressant pour les paléontologues, dans le cas des Protoceratops, fut la découverte de leurs œufs. Ils furent trouvés en 1923 en Mongolie, dans le désert de Gobi. Ils ressemblent à ceux des tortues, ont une forme allongée et mesurent 20 centimètres. L'épaisseur de leur coquille pouvait atteindre 1,5 centimètre, ce qui empêchait souvent les jeunes de casser leur enveloppe, surtout lorsque l'atmosphère était trop sèche.

Mais le plus curieux dans cette trouvaille c'est le nombre des œufs réunis dans un même nid, une trentaine ; or, étant donné leur volume il ne pouvait s'agir d'une seule ponte, et force est de constater que les femelles des Protoceratops pondaient ensemble dans le même nid. Ceux-ci étaient ensuite recouverts de sable, puis la chaleur faisait éclore les embryons.

Nous sommes donc en présence d'animaux très grégaires avec des rapports sociaux très renforcés ce qui ouvre des perspectives nouvelles sur le genre de vie des dinosaures. Le développement de la vie sociale des dinosaures s'est-il accentué avec leur évolution ? C'est tout au moins ce que laissent croire les nids du désert de Gobi.

A partir du Protoceratops, les Cératopsiens ont évolué en plusieurs branches différentes, mais toutes se caractérisent par une augmentation de poids et de taille qui atteignent 11 mètres et 9 tonnes chez le géant du groupe, le Triceratops. L'une d'elles, celle des Cératopsiens à bouclier court comprend le Monoclonius, ou Centrosaure, qui fut mis au jour par le même paléontologue qui avait déjà découvert le Tyrannosaure, Barnum Brown. Les fossiles du Monoclonius furent retrouvés dans l'Alberta, au Canada, au pied des montagnes Rocheuses. Cet animal possédait une seule corne, d'où son nom, mais qui était recourbée vers l'avant.

Des reptiles «épineux»

Le Styracosaure, de la même époque, avait lui aussi une corne plantée sur le nez. Son nom, qui signifie «Reptile épineux», évoque la collerette de son bouclier céphalique qui se terminait par une série de longues pointes impressionnantes; il était également doté de deux petites cornes prolongeant les protubérances osseuses qui protégeaient ses orbites. Il avait 5 mètres de long, la tête faisant à elle seule 2 mètres.

Si le Pachyrhinosaure ne possédait ni cornes sur le nez, ni épines à son protège-nuque, l'énorme Triceratops en portait trois, dont les deux au-dessus des yeux étaient certainement fort redoutables puisqu'elles mesuraient près d'un mètre; celle du nez étant plus petite. Il semble que la conformation de son arrière-train ait permis à cet animal, véritable char d'assaut vivant d'une dizaine de tonnes, une certaine souplesse et il devait pouvoir livrer bataille aux plus grands des dinosaures carnivores. Ce sont d'ailleurs ses combats avec le Tyrannosaure que les auteurs de films ont représenté le plus souvent. Se battait-il réellement? On peut penser qu'à l'instar de l'actuel rhinocéros, il se contentait de charger ses ennemis et cette attaque d'un «blindé» de cette puissance devait suffire à mettre en fuite les plus résolus des carnivores.

L'autre lignée des Cératopsiens, celle à bouclier long, avait des cornes au-dessus des orbites et une plus petite sur le nez, comme chez le Triceratops, mais leur caractéristique la plus remarquable était leur long bouclier osseux qui se prolongeait jusqu'au milieu du dos; c'était le cas pour le Chasmosaure ou le Pentaceratops. Pour ce qui concerne le Torosaure, il s'agissait d'un véritable manteau de plus de trois mètres qui recouvrait son dos comme une véritable armure.

Enfin certains Cératopsiens eurent une évolution tout à fait différente et le petit Leptoceratops mesurait à peine 2 mètres pour un poids de 60 kilos. Contrairement aux autres Cératopsiens il ne possédait ni bouclier osseux, ni cornes; il était très agile et évoluait sur ses deux pattes de derrière. Ainsi, jusqu'au bout de leur longue histoire, les dinosaures connurent une évolution aussi étonnante que diverse et peuplèrent la terre d'animaux qu'il faut ranger parmi les plus fantastiques auxquels l'homme ait jamais rêvé...

Des hérissons, des Brontosaures, des Diplodocus, des abeilles et des roses...

A la fin du Crétacé, qui correspond aussi à la fin de l'ère secondaire, les paysages s'étaient singulièrement transformés, au point qu'un homme qui serait aujourd'hui capable de «remonter le temps» sur quelque cent vingt millions d'années trouverait peu de changements avec la flore actuelle.

Il y verrait déjà des parterres de fleurs, des roses, des lys, des bruyères et des primevères avec des insectes familiers comme les abeilles pour les butiner. Dans les mares s'épanouissaient les nénuphars et sur terre des arbres aux essences bien connues dressaient leurs fûts: pins, sapins, chênes, peupliers, frênes, saules, etc. si bien que parmi cette végétation de la fin du Secondaire, l'*Homo sapiens* n'aurait pas été dépaysé. Les oiseaux non plus ne l'auraient pas surpris ; dans les airs volaient des sortes de mouettes (Ichthyornis) et des cormorans pêcheurs (Graculavus), des poules d'eau aussi (Telmatornis) et des flamants roses ; il y avait même une espèce de hibou. Les serpents commençaient à faire leur apparition alors que tortues et crocodiles, semblables à ceux de maintenant, continuaient de prospérer.

Dans la mer, à côté des Plésiosaures, des Ichtyosaures, des lézards marins, parents de notre grand varan de Komodo, et des poissons de plus en plus rapides, ancêtres des harengs et des saumons, évoluaient de concert.

Sur terre on trouvait des petits carnassiers, des hérissons et les premiers primates, des singes encore primitifs.

Parmi cette flore et cette faune si semblables à celles d'aujourd'hui, l'homme se serait facilement reconnu ; toutefois certains animaux n'auraient pas manqué de le surprendre et même de le terrifier, car dans ces paysages qui différaient assez peu de ceux que nous connaissons, les grands dinosaures continuaient d'évoluer !...

Jusqu'à l'extrême fin du Secondaire les derniers grands sauropodes, héritiers des Brontosaures et des Diplodocus, les terribles Tyrannosaures, les grands Madrosaures au bec de canard, les énormes Tricératops cuirassés et cornus, continuèrent de voisiner avec les oiseaux, les abeilles, les buissons de roses et à se nourrir des feuilles des chênes ou des peupliers. Puis, brusquement, tous moururent...

Difficile énigme

La disparition brutale des grands dinosaures à la fin du Mésozoïque a posé aux savants spécialistes de la vie animale une des énigmes les plus difficiles qu'ils avaient eu à résoudre et aujourd'hui encore, elle est loin d'avoir trouvé une solution pleinement satisfaisante.

L'extinction soudaine des dinosaures et d'autres espèces animales qui disparaissent soudainement à la fin du Secondaire, il y a 65 millions d'années, constitue l'un des plus grands mystères de l'histoire de la Terre.

L'étrangeté du monde des dinosaures a de tout temps frappé l'imagination des savants comme celle des profanes ; le mystère de leur disparition est venu ajouter une autre charge d'insolite qui a contribué à la célébrité de ces étranges animaux. Les explications données par les spécialistes sont innombrables ; en effet on ne dénombre pas moins d'une quarantaine de théories qui ont été échafaudées pour expliquer leur disparition. Il n'est pas question de les énumérer toutes, encore moins de prendre en considération celles qui relèvent plus du roman-feuilleton que de la science ; n'a-t-on pas évoqué, à leur propos, la venue d'extra-terrestres, qui se seraient jadis aventurés sur notre planète pour de gigantesques parties de chasse... aux dinosaures !

La thèse de l'empoisonnement

En restant dans le domaine du raisonnable, les savants ont tout de même fait preuve d'une belle imagination. Certains ont évoqué une famine exceptionnelle qui aurait frappé la terre à cette époque, famine provoquée par une formidable invasion de chenilles géantes qui auraient détruit la plus grande partie de la végétation. Les dinosaures, herbivores pour la plupart, et consommant de par leur taille de grandes quantités de nourriture, auraient été les premiers frappés. Cette hypothèse pêche malheureusement par plusieurs côtés; tout d'abord elle n'explique pas pourquoi les dinosaures carnivores ont péri également, il leur restait cependant d'autres gibiers que leurs frères herbivores, tout au moins pour permettre la survie d'un certain nombre d'entre eux, et surtout elle n'apporte aucune preuve quant à l'existence du phénomène aboutissant à ce pullulement de chenilles qui reste du domaine de l'imaginaire.

L'hypothèse de l'empoisonnement par les fleurs a été émise récemment par des paléontologues. En 1975, un savant anglais, T. Swain a découvert que certaines races de tortues vivant dans le bassin méditerranéen, en Grèce en particulier, consommaient des proportions considérables de plantes à fleurs, nocives à leur santé. Ces plantes contiennent il est vrai des alcaloïdes toxiques devenant dangereux si l'on en ingère de trop grandes quantités. Les tortues n'ont besoin que de faibles quantités d'aliments, elles n'en consomment pas moins 40 fois plus de plantes à fleurs que les autres herbivores. Si cette tortue se nourrit de ces sortes de plantes, c'est parce que son sens du goût est trop peu développé pour en refuser le goût amer.

Fleurs vénéneuses et tortues grecques

Or, selon Swain, les grands dinosaures qui pesaient plusieurs tonnes absorbaient en moyenne près de 200 kilos de fourrage par jour. Tout changea lorsque la nouvelle végétation supplanta l'ancienne. Incapables de choisir leur nourriture car dépourvus, sans doute, du sens du goût à l'image de la tortue grecque, qui est une lointaine descendante des reptiles du Secondaire, les dinosaures s'empoisonnèrent peu à peu par l'ingestion des matières toxiques (tanins, alcaloïdes, strychnine) contenues dans les dites plantes à fleurs. Une preuve supplémentaire selon Swain, l'attitude contorsionnée des fossiles de certains de ces animaux qui suggérerait qu'ils sont morts empoisonnés.

En réalité, cette hypothèse est bien fragile si on l'examine sérieusement. Il semble difficile, disent certains savants, d'attribuer aux dinosaures vivant il y a 60 millions d'années la même incapacité de détecter le goût des plantes amères qui est celle d'actuelles tortues, même si ces animaux appartiennent à la famille des reptiles, et de plus, la plupart de ces derniers, lézards ou serpents, possèdent comme les mammifères des papilles gustatives.

Les tortues se sont d'ailleurs séparées des autres reptiles dès la fin de l'ère primaire, c'est-à-dire, il y a 300 millions d'années, et ont évolué différemment. La comparaison entre dinosaures et tortues paraît donc bien aléatoire.

Les zoologues savent également que la plupart des animaux sont dotés de tout un système digestif d'annihiler les mauvais effets des substances toxiques contenues dans les végétaux. Or, l'extension des plantes à fleurs s'étant produite au cours d'une très longue durée, il est certain que les dinosaures auraient eu tout le temps de développer un appareillage d'immunisation contre ces poisons, selon la loi d'adaptation qui est celle de l'évolution.

Des Diplodocus chez le psychanalyste !

On a parlé également de la diminution du cerveau qui aurait entraîné chez les dinosaures une stupidité si grande que ces animaux n'auraient pu assurer eux-mêmes leur subsistance, hypothèse aussi gratuite que fausse, car l'étude anatomique n'a pas confirmé cette explication. Il en va de même de la théorie de l'affaissement des disques vertébraux qui serait dû à leur grande taille ; c'est oublier que les géants de l'espèce, les grands sauropodes, ont vécu et se sont perpétués durant une centaine de millions d'années sans que l'on ait jamais constaté la moindre modification de leur colonne vertébrale ; cette remarque est valable pour réfuter une autre explication de la disparition des dinosaures : l'infarctus du myocarde. On ne comprend pas pourquoi, en effet, des animaux si bien adaptés aux conditions de vie, qui ont fait preuve d'un tel dynamisme évolutif, auraient vu brusquement leurs organes vitaux leur faire défaut.

Certains n'ont pas craint non plus de parler d'un comportement « suicidaire » des dinosaures dont ils n'apportent aucune preuve, on voit mal d'ailleurs un diplodocus se rendre chez le psychanalyste pour lui demander la guérison de ses névroses !

Expliquer la disparition des dinosaures par l'émanation de gaz des volcans, le Crétacé ayant été une période d'intense activité volcanique, n'est guère plus plausible, car on ne comprend pas pourquoi ces gaz auraient tué les seuls dinosaures à l'exclusion des autres animaux.

Plus intéressante est l'idée émise par quelques chercheurs selon laquelle l'apparition de certains petits dinosaures mangeurs d'œufs (Oviraptor, Velociraptor) aurait porté un coup sérieux à la reproduction.

Une autre hypothèse concerne l'astronomie et envisage l'influence du système solaire sur la vie de ces grands animaux. C'est le paléontologue Dale Russel qui l'a exposée. A l'en croire, c'est l'explosion d'une étoile assez proche de notre planète qui aurait provoqué la catastrophe dans laquelle auraient péri les dinosaures.

Des explosions d'étoiles ou la mode des « supernova »

On sait aujourd'hui que ces phénomènes sont possibles. Il arrive, à intervalles plus ou moins lointains, qu'une grosse étoile, baptisée « supernova », éclate en dégageant de formidables radiations (rayons X, gamma, cosmiques, etc.). Ces rayons mortels pourraient en arrivant sur le sol de notre planète y détruire la vie, mais surtout la fantastique élévation de température qui en résulterait dans la haute atmosphère provoquerait au niveau du sol un climat sibérien en empêchant les rayons solaires d'atteindre la surface du globe. Le froid achèverait alors les animaux ayant échappé aux premières radiations meurtrières.

Depuis cinq millénaires environ les hommes ont constaté six ou sept explosions semblables, mais heureusement à des distances telles que notre planète n'en a jamais été affectée. Toutefois cette hypothèse est possible, des astrophysiciens ayant conclu qu'une supernova pouvait exploser dans un rayon assez proche de la terre tous les 50 millions d'années, ce qui situe à peu près la dernière explosion à la fin du Crétacé, à l'époque précisément de la disparition des dinosaures. A cela des paléontologues et des astronomes ont opposé plusieurs objections. L'astrophysicien Shlovsky, le premier, a étudié les conséquences qu'aurait l'explosion d'une supernova dans le voisinage de la terre et ses conclusions sont loin d'être catastrophiques. Selon lui, cet événement n'aurait que peu d'influence sur le monde vivant de notre planète.

Les partisans de la théorie de la supernova n'expliquent pas d'ailleurs pourquoi les rayons et le froid n'auraient atteint que les dinosaures et non les mammifères qui ont survécu jusqu'à nous. En outre un tel cataclysme aurait détruit les dinosaures en très peu de temps, en quelques années, or on constate le contraire. Si l'on parle effectivement de la brusque disparition des dinosaures, il faut entendre cette expression au sens géologique du terme, où l'on parle en milliers, voire en millions d'années. Or il est avéré maintenant que les dinosaures ont mis quelque 5 millions d'années pour s'éteindre complètement, un temps relativement court, à l'échelle géologique bien entendu, si on le compare aux 150 millions d'années qu'a duré leur existence.

La clef de l'explication...

Pour expliquer l'extinction des dinosaures, les chercheurs ont peut-être eu tort de ne considérer que ce seul groupe, sans autre référence à la disparition d'autres espèces animales qui s'éteignent elles aussi à la fin de l'ère secondaire. Une explication valable doit rendre compte en même temps de la disparition des autres. Un paléontologue, Léonard Ginsburg, a fait remarquer que beaucoup d'hypothèses concernant la mort des dinosaures provenaient pour la plupart de scientifiques qui n'étaient pas des paléontologues mais des chimistes, des botanistes, des biologistes, des astronomes quand ils n'étaient pas des journalistes en mal de copie. C'est la raison, selon lui, pour laquelle toutes ces théories relèvent de la plus haute fantaisie, au demeurant très insuffisantes pour appréhender des phénomènes très importants qui eurent lieu dans le monde animal, il y a une soixantaine de millions d'années.

La clef de l'explication qui paraît à l'heure actuelle la plus satisfaisante se situe en 1923 lors de la grande découverte de nids entiers de dinosaures, des Triceratops en l'occurrence, dans le massif des montagnes de Chabarasch Ousou (Roches flamboyantes) dans le désert de Gobi. Pendant de nombreuses années le site à cause de son éloignement ne put être exploité, puis la Seconde Guerre mondiale interrompit les recherches. Les fouilles se sont poursuivies jusqu'à maintenant et en 1970 des savants russes découvraient non loin du massif de Chabarasch Ousou d'autres œufs plus petits appartenant à une espèce encore non identifiée.

... dans les nids des Dinosaures

Or les observations avaient déjà permis de constater que beaucoup de ces œufs avaient une coquille d'une épaisseur d'un demi-centimètre, ce qui est considérable. D'autres trouvailles allaient faire progresser les recherches. En Provence cette fois, voici une quinzaine d'années, on mit au jour plusieurs autres œufs de Dinosaures appartenant à des espèces diverses. L'analyse entreprise par un professeur allemand de l'Université de Bonn, K.H. Erben, a apporté la conviction que ces œufs dataient de la fin du Crétacé et qu'un nombre important de coquilles étaient revêtues d'une enveloppe épaisse comme celle des œufs retrouvés dans le désert de Gobi. L'examen microscopique avait révélé que l'embryon était entouré de plusieurs couches de calcaire. Le professeur Erben en avait conclu justement que cet épaississement avait été causé par un dérèglement hormonal de la femelle. La médecine moderne nous a appris que ce mauvais fonctionnement arrive toujours après que l'animal a subi de graves perturbations physiologiques. Ces constatations permirent aux paléontologues de mieux comprendre l'énigme de la disparition des Dinosaures.

En effet, lorsque la coquille est très épaisse et donc insuffisament poreuse pour laisser filtrer l'oxygène nécessaire à la vie de l'embryon, les naissances de jeunes dinosaures ne peuvent avoir lieu. Certains œufs échappant à ce phénomène, durant une plus ou moins longue période, il y a eu encore des naissances, mais de moins en moins nombreuses, avant que l'espèce ne s'éteigne complètement.

Cette évolution dura sans doute quelques millions d'années après quoi les Dinosaures disparurent complètement de la surface de notre planète.

L'abaissement de la température

Il restait évidemment à détecter la raison de ces perturbations. C'est en faisant appel à la science géologique que les spécialistes sont parvenus à échafauder une théorie plus crédible, qui prend également en compte la disparition des autres espèces animales à la fin du Crétacé : reptiles marins (Plésiosaures), Céphalopodes comme les Ammonites à la coquille enroulée, Brachiopodes, Echinodermes, Bélemnites. Tous ces organismes qui vivaient dans les mers chaudes du Crétacé disparurent eux aussi brusquement en même temps que les Dinosaures.

Le grand phénomène de cette époque fut l'émergence au-dessus des eaux de nouvelles terres consécutives à la dérive des continents. La mer a toujours exercé une profonde influence sur le climat et, au Secondaire, l'importance des océans qui s'étendaient sur la majeure partie du globe, avait créé un climat uniforme quasi tropical, chaud et humide, qui régnait sur l'ensemble des terres émergées. Or, à la fin du Crétacé les mers se sont retirées, phénomène important que l'on appelle « régression ». Les régressions marines de la fin du Secondaire furent spectaculaires, des terres nouvelles surgirent des eaux, les continents s'agrandirent, mais en même temps les eaux marines ne jouèrent plus leur rôle de régulateur des températures qui avait été le leur durant tout le Secondaire.

Le professeur Ginsburg a souligné que chacune de ces grandes régressions marines avant le Crétacé avait engendré les mêmes phénomènes, c'est-à-dire avait emporté avec elle la faune qui s'était développée durant la période précédente. Après chacun de ces épisodes, seuls parvenaient à survivre les animaux encore trop peu spécialisés dans leur évolution ou mieux adaptés de par leur organisation à un brusque changement de climat.

C'est ce qui se produisit à la fin de l'ère Secondaire à l'échelle planétaire lorsque, les mers s'étant retirées, les animaux marins: Plésiosaures, Ammonites, Bélemnites, Echinodermes, ne trouvèrent plus de quoi se nourrir dans la zone du plateau continental, la seule utile, la seule propice à l'existence d'une faune abondante. C'est en effet dans cette zone qui ne dépasse pas 200 mètres de profondeur, domaine de la lumière et des algues nourricières, que vivaient la plupart des espèces marines du Secondaire. Dans la période où la mer triompha des continents il faut se représenter la plus grande partie de l'Europe, à l'exception des massifs montagneux, recouverte par les eaux jusqu'à l'Oural. Puis les eaux se retirèrent et les surfaces utiles pour les animaux marins se réduisirent de 100 à 200 fois. La faune marine du Secondaire disparut alors. Quant aux dinosaures, ces reptiles habitués aux climats chauds et humides, ils furent victimes de l'abaissement de la température qui suivit la régression marine. Ce climat plus continental accentua les différences entre les saisons. Les hivers furent plus froids et les dinosaures, animaux à température variable, étaient mal adaptés à affronter ce nouvel état de choses. Ils se refroidirent considérablement durant les longs hivers et leur température interne dut atteindre un seuil critique.

Morts de froid

Trop gros pour hiberner, ils finirent par s'éteindre. Cette agression du froid provoqua des dérèglements hormonaux qui rendent compte de l'épaississement de l'enveloppe de leurs œufs. Les naissances se raréfièrent puis les adultes eux-mêmes périrent. Leur extinction dut être aussi hâtée par la raréfaction de la végétation, les transgressions marines ayant provoqué l'extension des zones arides et désertiques. Il fut donc de plus en plus difficile à ces grands herbivores, mangeurs d'énormes quantités de végétaux, de se nourrir.

Les animaux à sang chaud, eux, comme les mammifères et les oiseaux, ne souffrirent pas des rigueurs du climat et ceci explique qu'après la disparition des grands reptiles du Secondaire, ils aient dominé la terre, ne trouvant plus d'ennemis capables de les en empêcher. Certains reptiles (lézards, crocodiles) survécurent, ils le durent à leur petite taille qui leur permit de s'enterrer durant les saisons froides pour hiberner, mais tous les Dinosaures furent les victimes du nouveau climat qui s'installa sur la terre au début du Tertiaire après les grandes régressions marines. Ils avaient dominé le monde durant 150 millions d'années; désormais ils allaient être remplacés par les Mammifères qui furent les grands vainqueurs de cette crise.

CHAPITRE TROISIÈME

DES RÉVOLUTIONS DU GLOBE À LA DÉRIVE DES CONTINENTS

Quelle est la constitution du globe terrestre, de quels matériaux est formé le centre de la terre ? grandes questions qui ont hanté l'imagination des hommes et les veilles des savants.

Il n'est probablement personne qui ne se soit demandé plus d'une fois si la terre reste constamment à peu près identique dans toute son épaisseur, si elle présente vers son centre des couches analogues à celles qui se situent près de sa superficie, ou encore, si à une profondeur donnée, on trouve constamment sur tous les points du globe une seule et même substance qui en comble tout l'intérieur.

Ces questions que tout le monde se pose, les géologues qui sont les spécialistes des sciences de la terre, n'ont pas manqué de se les faire et pour pouvoir y répondre le plus sûrement, ils ont imaginé de nombreuses hypothèses. Ils ont supposé l'intérieur de la terre rempli d'éléments liquides, d'eau ou de gaz, ou bien d'une énorme masse de métaux, ou de roches aimantées, à l'état liquide ou solide. Au XVIIIe siècle le philosophe Diderot déjà s'interrogeait et cherchant à expliquer le magnétisme de la terre, il croyait que l'intérieur du globe était formé d'une masse vitrifiée sur laquelle une écorce extérieure mobile coulissait en produisant par friction un rayonnement électrique.

Aujourd'hui toutes ces hypothèses ne peuvent plus être soutenues car on sait qu'elles sont incompatibles avec les calculs du volume de la terre et de son poids grâce aux méthodes de la physique, qui ont prouvé d'une manière incontestable que la masse interne de la terre est formée de matériaux d'une très haute densité. En effet toutes les roches que nous connaissons, celles qui constituent la croûte terrestre, ont une densité toujours inférieure à 3, alors que notre sphéroïde tout entier est de l'ordre de 5,5. Il en résulte nécessairement que les substances composant le noyau interne ont une densité supérieure à cette moyenne et qu'elle doit augmenter progressivement de la surface vers le centre.

La chaleur originelle

Ces données étaient déjà bien connues et admises voici un siècle. En allait-il de même de la température qui régnait dans les profondeurs de la terre ? Au XIXe siècle on était persuadé que notre globe allait en se refroidissant peu à peu et qu'il était condamné irrévocablement à n'être plus qu'une masse glacée roulant sans vie autour d'un soleil dont la chaleur, diminuant aussi progressivement, finirait également par se dissiper entièrement. Dès cette époque on pensait que notre planète avait été primitivement dans un état d'incandescence, c'est-à-dire qu'elle n'était à l'origine qu'une boule de feu et de gaz errant dans l'immensité du ciel.

Dans un discours prononcé en 1826 à l'Académie des Sciences, le grand Cuvier créditait les savants de son temps d'avoir « démontré rigoureusement une hypothèse célèbre, avancée sans preuve par Descartes, Leibniz et Buffon et à laquelle les travaux de Laplace avaient déjà donné un haut degré de vraisemblance. On peut regarder aujourd'hui comme une chose a peu près prouvée, poursuivait le savant, que la terre a une chaleur propre, indépendante de celle qu'elle reçoit du solcil, et qui est un reste de sa chaleur originelle. Ce retour aux idées énoncées jadis par nos plus grands hommes prouve qu'il ne faut jamais mépriser les conjectures même les plus hasardées des hommes de génie ; c'est un de leurs privilèges que la vérité leur apparaît souvent jusque dans leurs rêves ».

De nos jours, les dernières découvertes ont généralement confirmé les vues des savants du siècle dernier. Toutefois, la science actuelle leur a apporté un certain nombre de correctifs.

100 000° C au centre de la terre

Voici trois quarts de siècle on croyait encore à l'existence d'un feu central, à la présence à l'intérieur du globe d'un liquide en fusion, semblable par ses propriétés aux liquides connus. Notre sphère aurait été constituée de matières liquides, à très haute température, recouverte d'une mince pellicule solide. Les volcans, que nous étudierons plus loin en détail, étaient alors considérés comme les orifices naturels par lesquels se déversait le trop-plein de ces matières en fusion. Cette idée était alors renforcée par ce que l'on savait de l'élévation progressive de la température en fonction de la profondeur qui équivalait à une élévation moyenne de 1° tous les 33 mètres. Estimation toujours valable mais qui, si elle était appliquée jusqu'au point central, donnerait pour cet endroit, une chaleur de 100 000° !

Or, aujourd'hui on sait que l'intérieur du globe est rigide mais qu'il peut comporter certaines poches liquides, où s'alimentent les volcans. En outre, il est généralement admis que la chaleur régnant au centre de la terre ne doit pas dépasser 10 000° et que les sources d'où proviennent les matières ignées volcaniques sont de l'ordre de 2000° maximum ; puisque la plus forte température naturelle connue jusqu'à ce jour ne dépasse pas 1300°, aux laves volcaniques de l'Etna.

Les données les plus récentes de la science donneraient aujourd'hui pour notre terre la fiche signalétique suivante : une sphère de 12 000 kilomètres de diamètre, constituée de roches, pesant environ 6000 milliards de milliards de tonnes. A l'intérieur un noyau de fer et de nickel de 2700 kilomètres de rayon entouré par un manteau de roches épais de 3300 kilomètres, lui-même recouvert d'une croûte superficielle de 30 kilomètres de moyenne.

Les parties les plus profondes du globe sont inconnues de l'homme, aucun n'y a jamais pénétré et sans doute aucun n'ira jamais. Le « Voyage au centre de la Terre » de Jules Verne restera du domaine de la science-fiction. Les profondeurs extrêmes jamais atteintes par l'homme ne dépassent pas 10 kilomètres, un chiffre dérisoire lorsqu'on le compare aux 6368 kilomètres que mesure le rayon terrestre (6359 kilomètres aux pôles et 6378 kilomètres à l'équateur, la terre étant un sphéroïde légèrement aplati dans la zone des pôles et renflé à l'équateur).

La structure interne du globe

La partie supérieure de la terre est constituée par la croûte ou écorce, les zones émergées, îles et continents, occupent 29 % de la surface du globe, le reste étant recouvert par les mers et océans, l'hydrosphère.

Les géophysiciens sont parvenus depuis un demi-siècle, grâce à l'interprétation des renseignements donnés par la propagation des ondes séismiques lors des tremblements de terre, à une vue plus précise de la structure interne du globe. Celui-ci est formé de trois parties nettement différenciées : un noyau interne très dense et rigide constitué de nickel et de fer, d'où son nom de Nifé, c'est la barysphère. Le noyau est entouré de deux enveloppes concentriques, le manteau de 3000 kilomètres, composé de roches dures, le Sima, et la lithosphère ou écorce. Cette croûte est formée de roches granitiques et basaltiques et son épaisseur est assez variable allant de quelques kilomètres sous les profondeurs de l'océan Pacifique à une cinquantaine de kilomètres sous les grandes chaînes de montagnes.

Toutes ces parties n'ont pas le même degré de densité et de rigidité ce qui explique les déformations du globe, les tremblements de terre, les phénomènes volcaniques et aussi, nous le verrons, la dérive des continents. Un phénomène non moins étrange est produit par l'attraction de la lune et du soleil sur notre planète. Tout le monde connaît leur influence sur les masses aquatiques, engendrant les marées. Or, on sait depuis peu qu'il existe également des « marées terrestres », la lune et le soleil ayant causé des déformations à la croûte terrestre, mais relativement faibles, puisqu'elles ne dépassent pas une vingtaine de centimètres.

Les météorites interrogés

Pour avoir une idée exacte de notre globe, les savants ont interprété les renseignements donnés par les météorites, ces objets célestes tombés à la surface de la terre. On en dénombre aujourd'hui plus de 2000. Ces météorites proviennent de petits astres, éclatés au cours des âges, mais ayant le même âge que la terre, 5 milliards d'années, leur composition nous éclaire donc sur celle de notre globe. Or, tous ces météorites, de par leur composition, appartiennent aux trois catégories que nous avons énumérées : les sidérites sont formés de nickel et de fer et constituent un argument en faveur du noyau central terrestre et les météorites pierreux ressemblent fort aux roches dont est composé le manteau.

Enfin, pour une bonne compréhension des textures de la terre, il ne faut pas oublier l'existence des forces isostatiques, c'est-à-dire d'équilibre, qui expliquent que les masses de l'écorce terrestre flotteraient en quelque sorte, selon leur poids, différemment sur les couches plus profondes du manteau. Le meilleur exemple en est donné par la Scandinavie ; jadis recouverte d'une énorme calotte glaciaire épaisse de 2000 mètres, la péninsule scandinave, depuis que celle-ci a fondu, continue de se relever lentement à une vitesse qui peut atteindre 1 mètre par siècle. Ce phénomène révèle la plasticité relative du globe. Ce mélange de plasticité et de rigidité provoque des cassures et des poussées verticales ou horizontales qui sont à l'origine de toutes les révolutions du globe, qu'il s'agisse des volcans et des tremblements de terre ou du déplacement sur des milliers de kilomètres de continents entiers, après que ces énormes masses eurent dérivé durant des centaines de millions d'années avant de trouver la place qu'elles occupent aujourd'hui.

CHAPITRE QUATRIÈME

DES VOLCANS ET DES HOMMES

Le mystère qui entoure les phénomènes volcaniques, mystère qui de nos jours encore n'a pas été entièrement dévoilé, puisque nous ignorons toujours la force qui provoque la montée des laves à l'intérieur des cheminées des volcans, aussi bien que la périodicité des éruptions que nous sommes incapables de prévoir, a dans toutes les civilisations et à toutes les époques été un sujet d'étonnement et de terreur.

Devant ces torrents de laves incandescentes, ces explosions qui rejetaient vers le ciel des cendres et des pierres dans un bruit de tonnerre, les hommes se sont sentis impuissants. Les croyances populaires et les légendes reflètent bien les sentiments de terreur et de crainte superstitieuse engendrés par les éruptions volcaniques. En Grèce et à Rome les éruptions volcaniques ont donné naissance à de nombreux mythes.

L'antre des Cyclopes

Le philosophe Empédocle d'Agrigente, un des plus grands savants de son temps qui enseignait la poésie, la médecine et la musique au Ve siècle avant notre ère et qui fut un des précurseurs de l'évolutionnisme et de la sélection naturelle, vingt-cinq siècles avant Darwin, se donnait également des allures de prophète. La tradition rapporte que pour parachever sa légende, vêtu d'une robe de pourpre et portant un diadème d'or, il aurait passé plusieurs années au sommet de l'Etna pour percer les secrets du volcan avant d'être englouti dans son cratère.

Certains pensent qu'Empédocle, sentant sa fin prochaine, se serait lui-même précipité dans le gouffre afin de passer pour un dieu aux yeux de ses disciples.

Les Anciens, en effet, considéraient les volcans avec une terreur révérentielle ; pour eux ces bouches vomissant le feu étaient les entrées privilégiées d'un monde souterrain, domaine des divinités infernales. On croyait que Vulcain, le dieu qui présidait aux travaux de la métallurgie, y forgeait pour son père, Jupiter, avec l'aide des Cyclopes, les foudres dont se servait le maître de l'Olympe. C'était l'Etna qui était censé être sa demeure. Selon une autre tradition dont le poète Virgile s'est fait l'écho, les éruptions de ce même volcan auraient été provoquées par les soubresauts et l'haleine embrasée du géant Encelade, révolté contre les dieux et qu'Athéna, pour le punir, avait enchaîné sous la montagne.

Des lieux de pèlerinage

Les anciens Islandais s'imaginaient entendre les cris des damnés de l'enfer dans les grondements souterrains qui s'élevaient du sol près de l'Hékla, les éruptions manifestant bruyamment leur désespoir. Hors d'Europe les volcans donnèrent naissance aux mêmes légendes. Les peuples primitifs leur vouent, encore de nos jours, un véritable culte. Sur la ceinture de feu du Pacifique, les habitants de Java leur ont élevé temples et autels. Des ruines de ces lieux de culte ont été retrouvées au sommet du Semeru, le plus haut volcan de l'île comme sur les pentes des cratères.

Un autre usage apporte une preuve supplémentaire quant à l'adoration des forces surnaturelles qui avaient leur siège à l'intérieur des volcans. Dans de nombreuses régions les indigènes ont conservé la coutume d'aller jeter des offrandes animales ou végétales dans la bouche des cratères en activité. Cet usage persiste à Java où le volcan Bromo est l'objet d'un semblable culte ; il en va de même à l'île d'Ambrim, dans les Nouvelles-Hébrides. Il faut remarquer que dans cette partie du Pacifique les manifestations cultuelles sont fort variées et qu'aux sacrifices d'offrandes, s'ajoutent les processions et les pèlerinages.

C'est au Japon principalement que cette ferveur se manifeste. Le Fuji-Yama, la célèbre montagne qui dresse sa forme parfaite à 100 kilomètres de Tokyo, reçoit tous les ans la visite de centaines de milliers de pèlerins. C'est également par dizaines que les Japonais choisissent les cratères en fusion pour mettre fin à leurs jours ; amoureux désespérés et hommes d'affaires ruinés ont, paraît-il, une prédilection pour le Mihara-Yama, dans la baie de Tokyo, alors que d'autres préfèrent les entrailles du Naka Dake, dans l'Asa-San.

Enfin au Japon, les volcans jouent un grand rôle dans le culte impérial solaire; c'est ainsi que la légende situe sur le cratère de l'Higashi Kirishima, dans l'île de Kiu-Shiu, la naissance du père du premier mikado, et petit-fils du Soleil, Jimmu Tenno.

Le volcan, selon Buffon

Ces croyances et ces légendes n'avaient pas la prétention de donner une explication rationnelle, et encore moins scientifique, du phénomène volcanique; elles se contentaient de traduire, sous une forme poétisée, la terreur superstitieuse qui émanait de ces « soupiraux de l'enfer ». Au Siècle des Lumières, on se montra plus exigeant et on essaya de rechercher les causes des éruptions. Contrairement à ce que l'on pourrait penser, on ne croyait pas pouvoir fixer l'origine du foyer volcanique dans les profondeurs de la terre, mais on voyait plutôt sa localisation dans un sous-sol peu profond où des couches de houille en combustion ou d'autres matières ignées (soufre, pyrite) pouvaient l'alimenter. C'était par exemple la théorie défendue par Abraham Werner au XVIIIe siècle, et Buffon lui-même s'en fit le propagateur.

« Les montagnes ardentes qu'on appelle volcans, écrit-il dans son « Histoire Naturelle », renferment dans leur sein, le soufre, le bitume et les matières qui servent d'aliments à un feu souterrain, dont l'effet, plus violent que celui de la poudre ou du tonnerre, a de tout temps étonné, effrayé les hommes, et désolé la terre ; un volcan est un canon d'un volume immense, dont l'ouverture a souvent plus d'une demi-lieue, cette large bouche à feu vomit des torrents de fumée et de flammes, des fleuves de bitume, de soufre et de métal fondu, des nuées de cendres et de pierres, et quelquefois, elle lance à plusieurs lieues de distance des masses de roches énormes, et que toutes les forces humaines ne pourraient pas mettre en mouvement ; l'embrasement est si terrible, et la quantité de matières ardentes, fondues, calcinées, vitrifiées que la montagne rejette, est si abondante, qu'elles enterrent les villes, les forêts, couvrent les campagnes de cent et deux cents pieds d'épaisseur, et forment quelquefois des collines et des montagnes qui ne sont que des monceaux de ces matières entassées. L'action de ce feu est si grande, la force de l'explosion est si violente, qu'elle produit par sa réaction des secousses assez fortes pour ébranler et faire trembler la terre, agiter la mer, renverser les montagnes, détruire les villes et les édifices les plus solides, à des distances même considérables.

» Ce bruit, ce feu, cette fumée viennent de ce qu'il se trouve dans les montagnes ardentes des venues de soufre, de bitume et d'autres matières inflammables, en même temps que des minéraux, des pyrites qui peuvent fermenter, et qui fermentent en effet toutes les fois qu'elles sont exposées à l'air et à l'humidité. Le feu s'y met et cause une explosion proportionnée à la quantité de matières inflammables. Voilà ce que c'est un volcan pour un physicien. »

Neptuniens et plutoniens

Est-il besoin de dire que ces hypothèses sont aujourd'hui entièrement périmées et font sourire les volcanologistes modernes ? Si fantaisistes que soient ces théories, il faut cependant se garder de croire que la science actuelle a élucidé toutes les questions que se posent les savants au sujet du phénomène du volcanisme et surtout en ce qui concerne le mécanisme des éruptions lui-même.

A ce propos, il faut citer une ancienne opinion qui voulait voir dans les infiltrations de la mer dans le sous-sol, la cause des éruptions. Dans l'Antiquité, certains n'hésitaient pas à affirmer que les colères de l'Etna étaient provoquées par les eaux de la Méditerranée qui se précipitaient dans le gouffre de Charybde. Ces eaux, chauffées par le feu interne, jaillissaient ensuite du cratère sous forme de vapeur.

Or il faut remarquer, au-delà, de la forme poétique donnée à cette explication, que la localisation de tant de volcans sur le bord des rivages lui donne en partie raison. Les savants contemporains n'excluent pas d'ailleurs cette possibilité, surtout pour les volcans situés dans les petites îles. On peut donc légitimement concevoir que des infiltrations en provenance de la mer aient provoqué, au contact du magma igné remontant des profondeurs, de formidables explosions souterraines, causes de futures éruptions. Toutefois ces théories ne sont valables que pour des volcans situés tout près des rivages et excluent ceux du littoral lorsqu'ils se trouvent même à quelques dizaines de kilomètres seulement du rivage. Ceci vaut, *a fortiori*, pour les cratères résolument continentaux comme ceux d'Afrique orientale, du Sahara ou de l'Auvergne.

Pour expliquer la présence des énormes quantités de vapeur d'eau rejetées au moment des éruptions, on avait émis l'hypothèse qu'il pouvait s'agir d'eau de pluie qui se serait, au cours des âges, amassée dans la gueule des volcans. Cette opinion, qui était défendue par Buffon, est, aujourd'hui encore, reconnue en partie exacte.

Les explications anciennes peuvent se résumer en deux grands groupes. D'un côté, les tenants de la théorie neptunienne qui attribuaient les manifestations volcaniques à l'action de l'eau sur les matériaux inflammables du sous-sol, de l'autre, les défenseurs de la théorie plutonienne qui voyaient dans les cratères, les soupapes de sûreté par où s'échappait l'excédent du feu central contenu dans l'intérieur du globe. Cette dernière théorie était considérée au siècle dernier comme la plus vraisemblable, elle s'appuyait en effet sur la constatation de l'augmentation progressive de la température en s'éloignant des couches supérieures du sol, et sur la présence à l'intérieur de notre sphéroïde des restes d'un feu central, ancien vestige de l'embrasement de notre planète à l'époque de sa formation.

Les cyclones provoquent-ils les éruptions ?

Les éruptions elles-mêmes étaient causées, pensait-on, soit par l'influence des astres, de la lune et du soleil qui par attraction attiraient vers le haut les laves en fusion, dans un processus identique à celui des marées, soit par celle de l'atmosphère. Des voyageurs comme l'abbé de la Caille, à la Réunion, avaient cru remarquer un redoublement d'activité de certains volcans au moment de changements de temps ou de tempête.

Buffon illustrait cette explication par les observations de voyageurs au sujet du volcan de Ternate, dans le détroit des Moluques. Selon eux, celui-ci aurait manifesté une plus intense activité au moment des tempêtes d'équinoxe et par temps d'orage, alors qu'il était relativement tranquille par beau temps. On voyait alors dans l'agitation de l'atmosphère la cause principale de l'activité volcanique, les vents provoquant la combustion des matières ignées contenues dans le cratère.

On aurait tort de sourire de ces théories simplistes, car elles ont été curieusement remises en honneur par un vulcanologue contemporain, Maurice Jean qui, en 1946, dans une communication à l'Académie des Sciences, intitulée « Sur une corrélation possible entre les cyclones et les éruptions volcaniques » a établi une liaison incontestable entre les violents cyclones qui ont ravagé l'île française de la Réunion en 1944 et en 1945 et un regain de l'activité volcanique du Piton de la Fournaise.

Les scientifiques ne croient plus, bien sûr, comme jadis, que les vents attisent la combustion du cratère, mais se demandent plutôt si les zones de basse pression n'attireraient pas vers le haut, les masses ignées du magma en amorçant en quelque sorte, par aspiration, leur ascension dans la cheminée du volcan. Explication séduisante qui prouve que l'on ne doit jamais mépriser les relations des voyageurs et les théories des savants pour la seule raison qu'elles sont anciennes et parce qu'elles démontrent qu'il reste bien des énigmes à résoudre en matière de vulcanologie. Il y en a encore bien d'autres particulièrement tout ce qui a trait à l'origine et à la formation des magmas profonds qui alimentent les éruptions.

150 km³ de lave!

Avant de nous pencher sur quelques-unes des plus importantes et des plus spectaculaires des éruptions volcaniques récentes, il est bon de rappeler quelques données générales sur les volcans. Ce sont des formations montagneuses naturelles par où s'échappent les matières ignées en provenance des zones profondes du globe. Elles le font sous une forme liquide, la lave en fusion, ou encore par la projection dans les airs de cendres et de matériaux durs. Le magma est le mélange des roches fondues par le feu et des gaz, lors de leur ascension vers la surface terrestre, la lave étant le résidu du magma après que les gaz se soient évaporés dans l'atmosphère. Un volcan, tel l'Etna, peut avoir plusieurs cheminées et la lave peut également s'écouler par de simples fissures du cône volcanique.

Au cours d'une seule éruption les volcans peuvent déverser des quantités extraordinaires de matériaux. On évalue celle-ci à 150 km³ pour le Tambora, dans le nord de l'île Sumbawa, sur la mer de Florès, lors de l'éruption de 1815, qui tua 50 000 personnes, et à 50 km³ pour le Conseguina au Nicaragua, en 1835. Les bruits de l'explosion de ce volcan furent entendus à 1200 kilomètres de là.

Le volume des laves rejetées peut lui aussi atteindre des chiffres impressionnants; le record étant de 13 km^3 pour le Skafta Jokull, un volcan islandais dont l'éruption en 1783 fut l'une des plus terrifiantes de l'histoire de l'humanité. Elle causa la mort de plus de 10000 personnes et dura plusieurs mois, de juin à octobre, avec des périodes plus calmes. Les nappes de lave furent si importantes qu'elles changèrent le cours des rivières et recouvrirent une surface de 565 km^2. Les conséquences secondaires de cette catastrophe furent terribles pour la population, les cendres en épais nuages obscurcirent le ciel de l'île au point d'empêcher les pêcheurs d'aller en mer chercher le poisson, et de brûler les pâturages, faisant ainsi périr 12000 bovins et 200000 moutons. La famine qui s'ensuivit décima la population islandaise. On comprend mieux, par cet exemple, que les habitants de cette île aient considéré jadis leurs volcans comme les portes de l'Enfer! En proportion, les émissions de laves des volcans siciliens paraissent une plaisanterie, l'Etna ayant vomi 1 km^3 de laves au total entre 1669 et 1865.

Encore 40 volcans actifs

Ces phénomènes volcaniques des âges historiques sont certainement peu de chose si on les compare à ceux des temps géologiques. L'ère tertiaire surtout, fut une période d'intense activité volcanique; c'est à partir du Miocène, il y a trente millions d'années, que se sont formés les cônes des grands volcans actuels et qu'ont surgi les petites îles volcaniques qui ponctuent la surface des océans: Galapagos du Pacifique, Sainte-Hélène, et Tristan da Cunha de l'Atlantique, Kerguelen de l'océan Indien, etc. Après le Pliocène, voici 12 millions d'années, cette activité s'est ralentie et aujourd'hui le nombre des volcans en activité à la surface du globe a considérablement diminué.

Selon le « Bulletin Volcanologique », il existerait actuellement moins de 40 volcans actifs en permanence et un peu plus de 500 volcans assoupis ou dormants mais actifs par intermittence. Les volcans éteints depuis longtemps et que la mémoire de l'homme n'a jamais vus en activité sont environ une dizaine de milliers, chiffre considérable qui montre clairement le déclin du volcanisme et qui permet d'imaginer l'aspect de la terre à l'ère tertiaire, lorsque le feu central explosait à sa surface par plus de 10 000 bouches enflammées.

Dans ce nombre il n'est pas tenu compte des volcans sous-marins qui parsèment le fond des mers et des océans, difficilement identifiables de par leur situation. On en a décelé de nos jours environ 80, 50 dans le Pacifique et une trentaine dans l'Atlantique autour des Açores, des îles du Cap-Vert et de l'Islande principalement.

Ils ont longtemps posé, on le verra, une énigme à la curiosité des hommes et surtout des voyageurs qui sillonnaient les océans aux siècles passés. De très nombreux volcans sous-marins demeureront toujours insoupçonnés ; leur emplacement éventuel ne peut être connu que lorsque les éruptions laissent des traces sur la surface des eaux : augmentation de la température, apparition de cendres ou de fumées, découvertes de ponces et autres matériaux légers flottant à la surface. Si les explosions se produisent à moins de 2000 mètres de profondeur, elles risquent d'être décelées, *a fortiori* si un cône de scories s'érige au-dessus de la mer.

Les « îles à éclipses »

Ces îles volcaniques éphémères, car vite dégradées par l'action des eaux, ne sont découvertes que si elles émergent près d'une côte habitée ou si un navire passant au large, les aperçoit. La plupart de ces îles ne résistent pas longtemps et disparaissent rapidement et ces « îles à éclipses » constituent un amusant chapitre de l'histoire du globe.

Au XIXe siècle les éruptions sous-marines posaient une difficile énigme aux navigateurs. Les cartes marines étaient alors couvertes de signes indiquant la présence de hauts fonds ou de rochers isolés. Ces obstacles, appelés vigies, étaient parfois très fantaisistes ; beaucoup devaient leur existence à des illusions d'optique qui avaient fait prendre pour des rochers ou des bancs certains corps flottants tels que des bâtiments naufragés, des baleines mortes ou des glaces. D'autres étaient certainement dus à l'émersion temporaire de quelques volcans sous-marins. Il semble qu'on ait assisté au XVIIIe siècle et au début du XIXe siècle à une recrudescence de l'activité volcanique dans l'océan Atlantique, dans les parages de l'équateur.

Les indications fournies à cet égard par les navigateurs sont impressionnantes. On sait que, quand des tremblements de terre ou des éruptions se font ressentir en mer, ils produisent sur les bâtiments un effet semblable à un choc contre des rochers ou contre le fond. Le 17 octobre 1747, le vaisseau « le Prince », capitaine Bobriant, en allant aux Indes, ressentit une ou deux secousses, comme s'il eût touché sur un haut fond. Il était alors par 1° 35′ de latitude sud, et 20° 10′ de longitude ouest.

Le 5 février 1754, on ressentit sur le navire « la Silhouette » commandé par le capitaine Pintal, un tremblement extraordinaire, comme si le vaisseau avait effleuré un banc, ce danger fut observé 20° au Sud de l'équateur et par 23° de longitude occidentale.

La frégate la « Fidèle », capitaine Lehoux, le 13 avril 1758, ressentit les mêmes secousses par une position identique. Trois ans plus tard, le 3 mai 1761, le capitaine Bouvet du navire le « Vaillant » vit une île qui s'élevait à la même latitude.

Dans un voyage de la Côte de l'Or à Saint-Domingue, la frégate « le Pacifique » commandée par le capitaine Bonfils, éprouva le 3 octobre 1771, sur les huit heures du soir, une secousse extraordinaire, pareille à celle qu'éprouve un vaisseau en échouant. On fit immédiatement carguer les voiles et sonder sans rencontrer le fond, la mer était très agitée. On était alors par 42° de latitude sud et par 22° 47′ de longitude ouest.

Des volcans sous la mer

C'est une immense colonne de fumée qui fut aperçue le 19 mai 1806 par Adam de Krusenstern, le navigateur russe explorateur du détroit de Béring, qui se trouvait dans les mêmes parages. La colonne de fumée s'éleva très haut à deux reprises et Krusenstern conclut justement à une éruption volcanique. Près de ce même endroit, le « Triton », capitaine Proudfoot, passait sur un écueil le 18 décembre 1816. Les sondages décelèrent un banc de sable brun de 4 kilomètres d'étendue et qui s'étendait sous 40 mètres d'eau. Successivement les navires « l'Aigle », capitaine Taylor, et « la Seine », capitaine Le Marié, en 1831 et 1832 éprouvèrent des secousses si violentes qu'ils crurent avoir touché sur un banc.

Le 9 février 1835, le vaisseau « la Couronne » de Liverpool, après avoir traversé l'équateur, en filant 6 nœuds avec une jolie brise d'est-sud-est, toucha à 10 heures 45 et racla le fond avec sa quille, comme si elle eût passé sur un récif de corail ; aussitôt qu'on fut dégagé, un canot fut mis à la mer et l'on sonda sans trouver le fond par plus de 200 mètres. La position du lieu était latitude 0° 57' sud et longitude 25° 39' ouest.

Enfin, en 1836, l'honorable T.L. Huntley, de la Société asiatique du Bengale, présentait à Calcutta, des cendres volcaniques qui avaient été recueillies en mer par le capitaine Fergusson, du navire « Henry Tanner ». Ces cendres étaient noires et avaient la consistance de cendres de charbon de terre ou de ponce. Le point où elles furent trouvées était par 0° 35' sud et 18° 10' de longitude ouest, la mer se trouvant alors dans une violente agitation. Dans un précédent voyage effectué par le même commandant et presque à la même place, on avait eu à bord une alarme très vive en entendant un très grand bruit. Le capitaine et les officiers croyaient que le bâtiment avait touché en raclant sur un rocher de corail, cependant on n'eut pas le fond avec la sonde.

De tous ces faits rapportés par des marins avertis et sûrs, et concernant tous la même position, on est en droit de conclure qu'il a existé dans ces parages, un foyer volcanique qui quelquefois lançait au-dessus de la mer des cendres et de la fumée, et qui souvent produisait des mouvements semblables à ceux occasionnés par les tremblements de terre.

Lorsque les éruptions sous-marines sont particulièrement importantes, elles sont responsables de l'émergence d'îles ou d'îlots constitués par le cône du volcan et par les laves rejetées par le cratère. La plupart du temps ces formations ont une faible durée et l'agitation des flots a bientôt raison de ces cônes de scories friables et peu résistants. Mais il arrive également que l'on assiste à la réapparition de ces îles au même endroit ou quelques encablures plus loin. Cette intermittence leur a fait donner le nom d'«îles à éclipses». La plus célèbre d'entre elles, fut sans contredit, l'île Julia, dont l'apparition fut l'occasion d'une véritable tragi-comédie diplomatique.

Un volcan faillit déclencher une guerre

En 1831, près de la côte de Sicile, à proximité de Sciacca et entre Malte et l'île volcanique de Pantelleria, dès le 28 juin, un vaisseau avait éprouvé dans ces mers un choc analogue à celui d'un tremblement de terre sous-marin, puis dans les premiers jours de juillet, on aperçut de la côte, des fumées et des vapeurs et en même temps les sources de Sciacca se trouvèrent à une température plus élevée qu'à l'ordinaire. Le 18, un cône s'élevait de quelques pieds au-dessus de l'eau; la plus grande activité de ce volcan paraît avoir été le 2 août, le 11, il ne s'en dégageait plus que des vapeurs. Au moment de sa plus grande extension, il eut une hauteur de 70 mètres et s'étendit sur 5 kilomètres, mais en septembre, il n'avait plus que 700 mètres de circonférence. Dès le 2 août cependant, un navire de Sa Majesté s'était empressé d'en prendre possession au nom du roi d'Angleterre, ce qui provoqua les vives protestations du roi Ferdinand II des Deux-Siciles et un conflit faillit avoir lieu.

Il s'ensuivit un véritable imbroglio diplomatique, lorsque, le 28 décembre 1831, une explosion plus forte que les autres fit disparaître l'île Julia mettant ainsi tout le monde d'accord!

Walter Scott à l'île Julia

En novembre, l'île Julia eut l'honneur d'être visitée et décrite par un des plus célèbres écrivains du XIXe siècle, Walter Scott, qui se rendait à Naples. Il en a laissé cette amusante relation. « Comme ce volcan a été pour beaucoup de nos confrères de la Société royale d'Edimbourg, un objet de curiosité, je vous en envoie une esquisse faite pendant notre relâche par le secrétaire du capitaine, et quelques notes prises à la volée. Le dessin vous représente l'île telle qu'elle était le 20 novembre, mais il est évident qu'elle est sur le point de subir de grands changements. Je vis, du côté du sud et tout près du bord de l'eau, une portion du sol élevée de 5 ou 6 pieds s'enfoncer tout à coup sous les pieds d'un de nos compagnons, ce qui ne laissa pas de nous donner quelque inquiétude, jusqu'au moment ou la poussière qui s'était élevée venant de se dissiper, nous revîmes notre homme sain`et sauf.

» Voyant la terre, ou ce qui en tenait lieu, céder ainsi sous les pieds, je jugeai qu'il aurait été imprudent à un invalide (1) tel que moi d'essayer de marcher, mais grâce à mon habileté dans l'équitation et à la bonne volonté d'un brave matelot qui s'offrit à me servir de monture, j'arrivai presque jusqu'au sommet du mont. Nous trouvâmes sur le rivage de l'île, deux dorades qui avaient péri, vraisemblablement par suite de la haute température des eaux, et, tout près de là, un petit rouge-gorge qui était venu de la côte voisine pour mourir de soif et de faim sur cet écueil. Du côté du sud, le principe volcanique paraissait conserver encore de l'activité. Une personne qui a visité l'île à plusieurs reprises pense qu'elle continue à augmenter; il se pourrait qu'il y eût un accroissement en superficie coïncidant avec une diminution en hauteur, et même dépendant de l'éboulement des parties hautes dont les débris rouleraient jusqu'au rivage. Les brises de cette terre nouvelle ne sont rien moins qu'embaumées, et elles ont une odeur de soufre qui suffoque les gens. Il suffit de creuser un trou dans le sable pour le voir se remplir d'eau, et cette eau est bouillante ou peu s'en faut. »

1. *Walter Scott était alors convalescent et partait se soigner en Italie. Il devait d'ailleurs mourir quelques mois plus tard.*

Les «humeurs» de l'île Falcon

En 1863, l'île Julia réapparut à la surface, mais cette fois aucune puissance ne s'empressa de l'occuper, et fit bien, car ce volcan fantasque ne tarda pas à disparaître à nouveau. On crut qu'elle renaîtrait en 1891, mais l'éruption se limita à quelques manifestations: nuage de cendres et bouillonnement de la mer.

L'île Julia n'est pas la seule à émerger à intervalles plus ou moins réguliers des profondeurs de la mer. L'île Falcon, dans l'archipel de Tonga, s'est encore montrée plus capricieuse et son histoire vaut d'être contée. Cet îlot semble avoir été repéré par les navigateurs européens dès le XVIIIe siècle. En 1865, le navire anglais «Falcon» la découvrit et lui donna son nom; elle avait alors 2 kilomètres de long. En 1877, un autre navire ne vit plus de terre sur son emplacement, mais seulement des fumées qui s'échappaient des flots. Puis à deux reprises, avant la fin du siècle, Falcon émergea et replongea à nouveau, juste pour laisser le temps à une frégate anglaise, et ensuite à un bateau français de l'annexer au nom de la reine Victoria et de la République!

En 1894, nouvelle apparition, l'île était alors peu élevée, mais mesurait 6 kilomètres de long sur 3 kilomètres de large. Elle disparut peu après pour resurgir en 1898. Le 4 octobre 1921, un vaisseau néo-zélandais, le «Laburnum» la chercha vainement, il aperçut seulement des fumées sur son emplacement.

Revenu sur les lieux trois jours plus tard, quelle ne fut pas sa surprise de voir l'île Falcon s'élever à nouveau au-dessus de la mer; depuis on ne compte plus les alternatives d'immersion et d'émersion, si bien que les éditeurs de cartes géographiques ont décidé de faire figurer ce volcan fantasque parmi les îles de l'archipel des Tonga, mais plus aucun Etat ne s'est avisé d'y planter son drapeau!

Les îles Açores sont elles aussi le théâtre de semblables phénomènes. En 1957, un nouveau volcan, dit Ile Neuve, surgissait de la mer près des côtes de Fayal; il fut précédé par des secousses sismiques de faible importance, des pluies de cendres et par le bouillonnement des flots. L'Ile Neuve avait été précédée par celle de Sabrina, qui émergea une première fois en 1658, disparut et reparut plusieurs fois aux XVIIe et XVIIIe siècles avant de plonger définitivement, semble-t-il, en 1811.

Comme le tonnerre ou comme de grands coups de canon

En 1720, toujours dans l'archipel des Açores, le capitaine d'un petit vaisseau américain, John Robinson, vit un feu sortir de l'océan près de l'île Terceira. Il s'approcha avec son bâtiment et put ainsi assister à la naissance du volcan. Le capitaine Robinson a laissé un récit de son aventure. «Le dimanche 18 décembre, nous mîmes à la voile à minuit, et portâmes au sud-est d'Angra; le lendemain, à deux heures après-midi, nous approchâmes d'une île toute de feu et de fumée. Nous continuâmes notre route jusqu'à ce que les cendres tombassent sur notre pont comme de la grêle ou de la neige, ce qui dura toute la nuit; nous prîmes le large, le feu et la fumée grondaient comme le tonnerre ou comme de grands coups de canon. A la pointe du jour nous nous en approchâmes; à midi, nous fûmes à portée de bien observer, en étant à deux lieues au sud.

» Nous fîmes voile autour de l'île, et l'approchâmes de si près que le feu et la matière qu'elle lançait furent sur le point de nous endommager. Nous eûmes en même temps la crainte d'être jetés sur la côte, mais un vent de sud-est qui se leva pendant que nous étions tous en prière, nous délivra du danger. La brise fut accompagnée d'une petite ondée qui fit beaucoup de poussière sur notre pont. Nous profitâmes du vent pour regagner Terceira.

» Le gouverneur de l'île nous informa que le feu avait éclaté le 20 novembre 1720 dans la nuit, et que le bruit affreux qu'il occasionna fit trembler la terre et renversa plusieurs maisons dans la ville d'Angra et dans les environs, à la grande frayeur des habitants. On trouva des quantités prodigieuses de pierres ponces, et des poissons à demi grillés, flottant sur la mer à plusieurs lieues autour de l'île, et des nuées d'oiseaux de mer rassemblés pour s'en nourrir. Cette nouvelle île est à peu près ronde, et peut avoir environ deux lieues de diamètre. »

L'histoire compliquée des Bogoslov

Quelques mois plus tard, en avril 1721, des voyageurs se rendant de Cadix à Londres, trouvèrent la mer couverte de pierres ponces depuis le cap Finisterre jusqu'à l'entrée du canal.

De nos jours, c'est le Pacifique qui reste l'endroit

privilégié des éruptions sous-marines. Les îles Bogoslov, près de l'Alaska, dans les Aléoutiennes, au nord d'Unalaska, ont une histoire compliquée. L'une d'elles, la Vieille Bogoslov, apparut en 1796, et sa forme se modifia sensiblement puisque, après avoir atteint la hauteur de 1000 mètres et un diamètre de 7 kilomètres, elle était réduite vers 1895 à 450 mètres de hauteur. Une seconde île, la Nouvelle Bogoslov, surgit de la mer en 1833 et en 1906, un troisième îlot volcanique vint s'adjoindre aux deux premiers.

Plus à l'ouest, les mers qui entourent le Japon sont sujettes, elles aussi, à être le théâtre de ces éphémères apparitions. En 1934, près du cap Lopatka, à l'extrémité méridionale de la péninsule de Kamchatka, et proche de l'île Alaid, dans l'archipel des Kouriles, un îlot de 200 mètres de large fut découvert par des pêcheurs japonais. Son émersion avait été précédée d'une violente explosion qui avait projeté des nuages de cendres noires jusqu'à 3000 mètres de haut.

Importantes pour l'histoire de l'humanité

Dans les îles Salomon, des éruptions sous-marines d'une grande intensité ont eu lieu en 1952, au point d'interdire aux plongeurs indigènes, pêcheurs de perles de l'île Vangunu, d'opérer sous les eaux à cause des violentes explosions qui leur auraient brisé le tympan. Enfin, au centre du Condominium franco-britannique des Nouvelles-Hébrides, un volcan à éclipses s'est manifesté fort souvent, entre les îlots d'Epi et de Tongoa. Il émergea en 1897, en 1905, puis en 1947. Disparu en 1950, il reste en activité sous la surface de la mer et signale sa présence par des pluies de cendres et de ponces, et l'élévation de la température des eaux.

Toutes ces îles forment un curieux chapitre de l'histoire actuelle de notre globe, mais elles n'ont, par leur médiocre étendue comme par leur peu de stabilité, aucun rapport avec l'émersion d'îles importantes qui, en grand nombre, émergèrent des océans aux époques géologiques. Jadis et principalement à l'ère tertiaire, il n'en allait pas de même et beaucoup de ces formations insulaires volcaniques ont subsisté jusqu'à nos jours; un des exemples les plus typiques était les îles à ceinture de coraux du Pacifique et des îles Hawaï. Certaines, très petites, sont réduites au seul cône d'émergence, comme le Stromboli, alors que d'autres sont le résultat de plusieurs volcans juxtaposés d'importantes coulées de laves solidifiées; c'est le cas de l'Islande et de l'archipel des Kerguelen.

On ne saurait trop sous-estimer leur importance pour l'histoire de l'humanité. Il s'agit moins de ressources agricoles, en général médiocres, que de leur situation géographique qui a servi aux hommes d'escales indispensables dans leur découverte du monde. Sans les myriades d'îlots de l'océan Pacifique, il n'y aurait pas eu expansion des Mélanésiens et des Polynésiens, sans le chapelet des îles Aléoutiennes, entre l'Amérique et l'Asie, le continent nord-américain n'aurait pu être peuplé par les Asiatiques; enfin, les îles du Cap-Vert et des Canaries permirent aux navigateurs portugais des temps modernes, de découvrir le Brésil et le cap de Bonne-Espérance.

Plus tard, ces mêmes îles volcaniques furent utilisées par les bateaux de grande pêche avant de servir d'escales transocéaniques aux bateaux long-courriers puis d'aéroports indispensables à la navigation aérienne. Enfin nul n'ignore qu'au cours de la Seconde Guerre mondiale, ces volcans insulaires jouèrent un rôle capital dans l'évolution du conflit et singulièrement à l'occasion de la reconquête du Pacifique par les forces américaines. La valeur stratégique de ces îlots explique l'intérêt des grandes puissances à s'en assurer la propriété et plusieurs même ont été l'occasion d'importants conflits.

Qu'est-ce qu'un volcan?

Les vulcanologues se sont efforcés de classer les volcans en diverses catégories en tenant compte de plusieurs critères: forme des cônes éruptifs, dynamisme des éruptions, nature des laves éjectées, etc. Il y a des volcans constants, les moins nombreux, avec une activité généralement modérée, des volcans intermittents, avec des réveils terribles, ce fut le cas du Vésuve en 79, de la montagne Pelée en 1902, du Tronador en Argentine.

Lorsque ces appareils éruptifs entrent à nouveau brusquement en activité, il est rare qu'ils s'apaisent avec la même rapidité, il faut en général plusieurs années pour que tout rentre dans l'ordre... jusqu'à une prochaine explosion. Mais pour les grands volcans, celles-ci ne sont pas très fréquentes et un spécialiste allemand, K. Sapper, dit qu'il y en avait en moyenne une par siècle.

La violence des explosions dépend généralement

de la nature du magma remonté des profondeurs ; si la lave est de nature siliceuse, c'est-à-dire dure et pâteuse, elle bouche la cheminée par où les gaz ne peuvent s'échapper et peuvent alors faire exploser le volcan lui-même, occasionnant de terribles catastrophes.

Il y a des volcans de toutes tailles, certains sont très petits, d'autres au contraire, recouvrent un énorme territoire, lorsque la masse des matériaux éjectés est considérable.

Le fameux Kilimandjaro, à la frontière du Kenya et de la Tanzanie, a 50 kilomètres de diamètre de base. Le géant de tous est le Klutchevskaïa, ou Kliuchevski, dans la partie centrale de la péninsule du Kamchatka, sur le versant Pacifique. Ce volcan, un des plus hauts du globe en activité, près de 5000 mètres de haut, a une base de 350 kilomètres de périphérie. En 1945, il eut une éruption d'une particulière intensité, au cours de laquelle une expédition de l'Institut géologique soviétique arrivée sur les lieux vit une colonne de cendres et de gaz s'élever à 15 kilomètres de hauteur alors que les glaciers fondaient à 4000 mètres d'altitude, et qu'un nuage de cendres noires obscurcissait tout le ciel du Kamchatka.

Le magma des profondeurs

L'origine de la chaleur volcanique fut certainement le problème le plus difficile qui se posa aux savants. Jusqu'au début du siècle, la plupart des géologues partageaient encore la conviction que le « feu central » était la source des laves éruptives. On croyait en effet que le centre de la terre était constitué par une masse de matières liquides en fusion qui remontaient à l'air libre par les ouvertures des volcans qui servaient, en quelque sorte, de soupapes de sûreté et empêchaient le « couvercle », c'est-à-dire la mince écorce terrestre, de sauter. On admettait qu'au centre du globe régnait une température de 100 000°, et plus, mais aujourd'hui, on pense plutôt que les profondeurs d'où provient le magma ne dépassent pas 2000°. En outre on est convaincu que la source où s'alimentent les volcans n'est pas commune à tous, qu'elle n'est pas située au centre de la terre, mais au contraire, que chaque système volcanique a un foyer qui lui est propre et que celui-ci est situé relativement près de l'écorce terrestre et en aucun cas à des profondeurs considérables. Une centaine de kilomètres paraît être un maximum et on est loin des milliers de kilomètres de jadis.

La diversité des sources de magma paraît bien prouvée lorsqu'on constate que les laves des volcans sont de nature très différente, même en ce qui concerne des cônes très voisins où l'on a analysé des laves particulières propres à chacun d'eux. Si l'on s'accorde volontiers sur les points précédents, il n'en va pas de même de l'origine de la chaleur intense qui provoque les éruptions ; vulcanologues et géologues sont partagés à ce sujet et il faut convenir que cette question est loin de faire l'unanimité et constitue à l'heure actuelle, une des grandes énigmes de notre planète.

Certains sont partisans de l'hypothèse dite « résiduelle ». Selon eux, le magma éruptif aurait sa source dans la chaleur persistante depuis la naissance de la terre, lorsque notre globe était encore une sphère en fusion. Protégé par l'écorce terrestre mauvaise conductrice de la chaleur, le feu interne originel s'échapperait par les cicatrices de l'écorce. D'autres imaginent que des phénomènes de pression et de contraction de la croûte terrestre, sur des parties plus profondes, y créeraient les conditions pour liquéfier les matériaux qui s'y trouvent et les porter à un état de fusion. Quelques-uns attribuent cette pression à des phénomènes orogéniques, les mêmes qui président à la formation des montagnes.

La fragilité et l'instabilité de l'écorce

Un Français, J. Noetzlin, a proposé en 1948, d'expliquer le volcanisme par l'action du nucléaire ; des réactions nucléaires en chaîne finiraient à l'intérieur du globe par produire une intense activité thermique qui se traduirait à la surface par les explosions que nous connaissons. Cette théorie, toutefois, n'a pas été confirmée par l'analyse des matériaux rejetés par les volcans, laves ou gaz, dans lesquels il n'a été décelé aucun matériau radioactif.

Le professeur Verhoogen semble avoir posé la question la plus pertinente en se demandant si l'énigme à trouver ne réside pas dans la découverte de la cause qui provoque la concentration de la chaleur interne du globe dans certaines parties bien délimitées de l'écorce terrestre.

Quoi qu'il en soit, personne ne met en doute que les éruptions volcaniques comme les tremblements de terre ont une origine commune dans l'instabilité très grande de l'écorce terrestre, qui a également été la cause, on le verra, de la dérive de continents entiers au cours des âges géologiques. Jadis on avait remarqué la concordance entre les séismes et les éruptions et on en avait tiré une conclusion erronée en voulant y voir une relation de cause à effet.

La concomittance de ces deux manifestations s'explique par une cause unique : la fragilité et l'instabilité de l'écorce.

On a vu que le foyer des volcans était plus proche de la surface qu'on ne le pensait primitivement. Les estimations des vulcanologues variaient entre 30 et 100 kilomètres, mais depuis les dernières recherches, dont celles de A. Rittmann, il semble qu'il faille encore abaisser cette distance à une dizaine de kilomètres. Ainsi la racine du Vésuve et du Stromboli se situerait vers 5 kilomètres de la surface. Ces affirmations des savants italiens ont été sérieusement contestées et on leur reproche d'avoir minimisé d'autres constatations, par exemple les sondages qui ne révèlent pas à ces profondeurs des températures aussi élevées que celles des laves émises par ces volcans. Mais quelles que soient les futures découvertes en ce domaine, il est certain maintenant que le phénomène éruptif, loin d'avoir sa source dans les profondeurs du globe, comme on l'a cru longtemps, est plutôt lié aux couches superficielles du globe.

Les amateurs de merveilleux ne doivent pas désespérer

Les amateurs de merveilleux ne doivent cependant pas désespérer car si les systèmes volcaniques paraissent bien être superficiels, la source du magma qui les alimente pourrait provenir par contre des grandes profondeurs du globe, celles du manteau, ou pyrosphère, comprises entre 100 et 1200 kilomètres de la surface. Cette couche profonde de matières incandescentes existant tout autour du globe expliquerait la permanence, depuis la naissance de la planète, d'un magma identique susceptible de s'échapper vers le haut dès qu'une possibilité lui est offerte par les divers mouvements de l'écorce terrestre.

La croûte terrestre étant devenue plus stable depuis quelques millions d'années, les phénomènes volcaniques seraient devenus moins importants ou moins fréquents que durant les ères précédentes.

Lorsque le magma parvient dans les cheminées des volcans par un mécanisme encore mal connu, il a dû parcourir un très long cheminement, de l'ordre de plusieurs années. Son ascension est contrariée par divers obstacles qui s'opposent à sa marche, surtout si le magma est au départ de nature solide comme on l'admet généralement.

Il ne faut pas, en effet, se représenter la cheminée comme une ouverture béante, elle est la plupart du temps obstruée de matériaux divers et la colonne de magma doit se frayer un passage à travers eux. Les explosions souterraines, les secousses sismiques, enregistrées avant chaque grande éruption témoigne des forces titanesques qui s'opposent dans les entrailles de notre sphère.

A l'approche de la surface, le magma généralement se liquéfie et ce sont des gaz et des laves en fusion qui sont alors vomis par les cratères. Lorsque le magma reste à l'état solide ou tout au moins lorsqu'il reste d'une grande viscosité, l'éruption prend un caractère explosif, et l'ensemble volcanique tout entier peut alors exploser provoquant ainsi des catastrophes épouvantables. C'est de quelques-unes d'entre elles que nous allons maintenant entreprendre le récit.

Le plus grand phénomène terrestre jamais observé

Auprès de l'éruption du Krakatau qui fit en août 1883, plus de 40 000 victimes dans le détroit de la Sonde, les destructions d'Herculanum et de Pompéi apparaissent comme des catastrophes presque insignifiantes. Le Krakatau était une petite île volcanique située dans le détroit de la Sonde, entre les îles de Sumatra et de Java. Ce n'était que l'un des innombrables volcans de la ceinture de feu du Pacifique, mais il allait entrer dans l'Histoire, un certain jour d'août 1883 et les conséquences de son éruption allaient se faire sentir diversement sur toute la surface du globe durant plusieurs années et constituer le plus grand phénomène terrestre historique jamais observé par les hommes.

Ce volcan, selon les colons hollandais de l'Insulinde, avait connu une période d'activité entre 1680 et 1684, puis il s'était assoupi durant plus de deux siècles et la vie avait repris ses droits, les populations s'étaient de nouveau installées sur les côtes proches des îles néerlandaises de Java et de Sumatra. Son réveil allait être terrible...

Le 20 mai de l'an 1883, le Krakatau fit entendre une formidable explosion qui terrifia les habitants de la région, puis elle fut suivie par une émission très importante de cendres et de ponces qui recouvrirent la surface de la mer. L'explosion avait été précédée quelque temps auparavant par de faibles tremblements du sol, annonciateurs de la future éruption. Pendant trois mois, une intense activité se manifesta avec surtout des projections de vapeur, mais ce n'était rien à côté de ce qui allait suivre.

Une nuit de dix-huit heures

Un savant hollandais, R.D. Verbeek, a rassemblé dans un ouvrage, paru trois ans plus tard à Batavia, tous les documents ayant trait à cette fantastique éruption. C'est le 25 août 1883 que commença la phase la plus violente de l'éruption. Une colonne de fumée s'éleva d'abord à une hauteur fantastique, puis on assista à des pluies de cendres auxquelles succédèrent des pierres ponces et des boues noires. A partir du 26 août, une nuit qui allait durer dix-huit heures... s'étendit sur toute la contrée, nuit terrifiante pendant laquelle des explosions absolument phénoménales ébranlèrent les couches de l'atmosphère et qui furent entendues à plus de 2000 kilomètres de là, et même encore plus loin.

Une énorme explosion, la plus forte, se produisit le matin du 27. En même temps, la mer déchaînée dévastait les côtes de Java et de Sumatra, des raz de marée successifs avec des vagues monstrueuses de plus de 30 mètres de haut, aussi hautes qu'une maison de 7 étages, montaient à l'assaut des terres, transportant des navires comme des fétus de paille à plusieurs kilomètres dans l'intérieur, projetant des locomotives en haut des collines!

Pendant ce temps, les eaux déchaînées par

l'effondrement de l'édifice sous-marin du Krakatau recouvraient les régions voisines du rivage sur plusieurs kilomètres de profondeur, y faisant disparaître toute vie humaine et animale et toute trace de végétation.

Lorsque cette nuit d'angoisse s'acheva, le matin du 28, le soleil éclairait un spectacle de fin du monde. La moitié de l'île du Krakatau et une partie des îles voisines de Sebesie et de Seboukou s'étaient abîmées dans les flots. La ville de Telukbetung à Sumatra, celles d'Anjer, de Bantam et de Tjéringin dans l'île de Java avaient disparu. Plus de 50 000 personnes avaient péri ; autour du détroit de la Sonde, on ne distinguait plus aucune trace de vie et sur ces paysages de désolation, des pluies de cendres et de boue continuaient de tomber et ensevelissaient tout sous un linceul grisâtre.

Un témoin de cette catastrophe, l'ingénieur Van Sandick, se trouvait à bord d'un navire, le « Général Loudun », qui s'apprêtait à sortir de la baie de Lampong à l'extrémité orientale de Sumatra et en fut empêché par la nuit opaque qui s'étendit sur la terre et par la naissance de plusieurs îles de pierres ponces qui s'élevèrent à l'entrée du port et en fermèrent les issues. Condamné à rester immobile, le pont du navire fut bientôt recouvert d'une couche de cendres et de boues épaisse de 60 centimètres. Les passagers étaient suffoqués par les émanations de vapeurs soufrées, par les cendres qui obstruaient les voies respiratoires.

La boussole déviait follement et le bateau était agité par des vagues énormes qui le couchaient tantôt sur un flanc, tantôt sur un autre. La plupart des passagers croyaient que la fin du monde prédite par les Ecritures était arrivée et les matelots et serviteurs indigènes appelaient Mahomet à leur secours.

« Un spectacle horrible se présente à nos yeux »

Enfin, le matin du 28, le jour étant venu, le capitaine décida de sortir de la baie en éventrant de son étrave, les îlots de ponces qui fermaient le port. Arrivé en vue du Krakatau, l'ingénieur vit l'île en partie détruite et le cratère du volcan englouti sous les flots. « Ce que l'on voit, écrivait Van Sandick, n'est plus que le quart de l'île et la partie disparue a été comme déchirée, sur une étendue de vingt-cinq kilomètres carrés, de la partie qui subsiste encore. L'éruption n'a pas entièrement cessé et en huit points différents, on aperçoit des colonnes de fumée dont le centre est tout noir et l'extérieur entièrement blanchâtre. Ces colonnes s'élèvent et disparaissent tour à tour.

» Mais bientôt le navire arrive près des côtes de Java. Alors un spectacle horrible se présente à nos yeux ; les côtes de l'île comme celles de Sumatra, sont entièrement détruites ; partout règne la même couleur grise et sombre. Les villages et les arbres ont disparu, on n'aperçoit même pas de ruines, car le flot a monté de trente-cinq mètres, a tout rasé, et, en revenant sur lui-même, a englouti les habitants, leurs maisons et leurs cultures. On ne retrouve que difficilement l'emplacement de la rade d'Anjer, étant donné que pas une maison de cette ville si agréable n'est restée debout. Seuls les soubassements du phare restent debout. C'est véritablement une scène de jugement dernier; la mer a passé et tout est dit.

»Les coolies qui ont été embarqués, regardent du haut du pont leurs habitations. Probablement leurs rizières sont détruites, leurs femmes et leurs enfants ont péri, car on ne voit qu'un marais boueux où rien n'est resté debout. Vous vous imaginez sans doute que ces pauvres gens sont bien tristes et qu'ils voudront débarquer aussitôt pour chercher les cadavres de leurs femmes et de leurs enfants? Nullement, car, sans penser à leurs maisons détruites, sans donner un regret à leurs familles et à leurs voisins victimes de l'éruption, ils se mettent soudain à danser, témoignant de leur joie d'avoir si miraculeusement échappé au désastre.

La demeure du Prince engloutie par les eaux

»La région de destruction complète est environ un cercle qui a pour centre le cratère du Krakatau, et pour rayon, une ligne de cent kilomètres. Les parties voisines de la mer, sur les côtes de Java et de Sumatra, qui jouxtent le détroit de la Sonde, ont été rasées par ces vagues gigantesques, hautes de trente-cinq mètres, qui se sont précipitées au milieu des terres jusqu'à une distance de un à dix kilomètres du rivage. Tout l'ouest de Java a été complètement détruit et les îles du détroit sont dépourvues de toute trace de végétation ou d'habitations, jusqu'au niveau de la plus haute marée, celle du 27 août.

»Dans les baies de Lampong et de Semangka, les eaux se sont élevées de trente à trente-cinq mètres, détruisant tout sur une longueur de cinq cents kilomètres. Le nombre total des personnes qui ont péri dépasse quarante mille.

» La ville de Tjéringin, éloignée de cinquante kilomètres de l'île de Krakatau, a disparu dès le premier raz de marée. Rien n'a survécu. Le Prince, ou chef du gouvernement indigène, avait invité dans son palais tous les fonctionnaires indigènes avec leurs femmes et leurs enfants, pour y célébrer une grande fête.

» L'aristocratie de Java était en outre représentée par la famille du Prince, au nombre de cinquante-sept personnes, dont cinquante-cinq étaient réunies là. La demeure du Prince a été engloutie par les eaux et tout a péri, il n'est resté de cette famille que deux cousins qui n'avaient pu se rendre à l'invitation.

» La ville de Mérak a elle aussi disparu avec tous ses habitants. A Telukbetung, la ville basse fut détruite et il n'y eut de sauvés que quelques Européens qui eurent la bonne idée de se réfugier dans la demeure du Résident, située à 37 mètres d'altitude. Des milliers de cadavres sont restés sans sépulture et répandent une odeur nauséabonde qui empêche les habitants de s'en approcher. Mais le plus grand nombre des morts a été emporté par les flots en pleine mer. Aussi les vaisseaux qui ont traversé le détroit de la Sonde durant les jours qui ont suivi le désastre sont-ils unanimes pour constater que des monceaux de cadavres ont été vus flottant à la surface des eaux. Le transatlantique hollandais « Batavia » rapporte que le 3 septembre, il a rencontré d'innombrables cadavres dont les membres avaient été mutilés et brisés; quant à leur origine, il paraît probable que ce sont des corps de Chinois, car leurs crânes sont presque tous chauves. Une autre fois, un vaisseau battant pavillon allemand a vu sa marche devenir très difficile à cause d'un entassement considérable de corps humains. On raconte qu'à Sérang, en ouvrant le corps d'un poisson de la mer des Indes, des pêcheurs ont trouvé des doigts humains encore pourvus d'ongles dans son estomac.»

Un «tsunami» sans précédent

Le «tsunami» (raz de marée) provoqué par l'éruption du Krakatau et l'effondrement des îles du détroit de la Sonde, d'une ampleur sans précédent eut des conséquences catastrophiques et fit sentir son action à des milliers de kilomètres de là. Dans les parages mêmes du volcan, le raz de marée prit des allures d'apocalypse. «Tout à coup, raconte Van Sandick, nous vîmes arriver une onde gigantesque, de hauteur prodigieuse, du côté de la mer, s'avançant avec une vitesse considérable. Aussitôt et sans hésiter, le navire, sur lequel je me trouvais, se met sous forte pression et gouverne de façon à faire face au danger imminent; il a juste le temps de rencontrer le flot par-devant. Après un instant plein d'angoisse, nous sommes soulevés avec une vitesse vertigineuse, notre bateau fait un bond formidable, et tout aussitôt après nous avons l'impression de plonger dans l'abîme.

»Mais la lame nous avait dépassés, et nous sommes sauvés. Semblable à une haute montagne, la vague monstrueuse précipite sa marche vers la terre. Immédiatement après paraissent trois autres lames de proportions colossales. Et, sous nos yeux, cet extraordinaire soulèvement de la mer balayant tout sur son passage consomme, en un instant, la ruine de la ville; le phare s'effondre tout d'une pièce, et d'un seul coup toutes les maisons de la ville s'écroulent comme un château de cartes. Tout est fini. Là où vivait quelques minutes auparavant la ville de Telukbetung, il n'y a plus maintenant que la mer.

»Le vapeur Barrow avait été soulevé de la plage et, du navire, nous le voyions se jeter par-dessus le quai dans les terres, à la hauteur des cocotiers. Les habitations indigènes qui sont bâties à Sumatra sur des pilotis avec, au-dessous d'elles, un espace libre d'environ un mètre de hauteur, sont une proie facile pour les eaux qui les balayent et les renversent. Mais les demeures de pierre des Hollandais sont détruites de la même manière, arrachées de leurs fondements, et précipitées dans la mer.

»Les mots font défaut pour dépeindre l'épouvantable impression que nous laissa l'aspect d'un pareil cataclysme. La rapidité foudroyante du changement, les proportions gigantesques du spectacle, la destruction soudaine qui s'accomplit devant nous en un instant, fit que nous restâmes frappés de stupeur, sans réaliser la catastrophe qui s'effectuait sous nos yeux. On aurait dit une transformation, un changement à vue instantané, tel que dans les féeries, au signal d'une baguette magique. Ajoutez le sentiment que ce qui se passe en notre présence n'est pas une simple fantasmagorie, mais bien une horrible réalité qui vient de moissonner des milliers d'existences humaines en l'espace d'un clin d'œil.

Seule la base du phare resta debout

»Quelle force incroyable possède cette mer dont l'onde renverse d'un seul coup une ville entière que l'homme a eu tant de mal et mis tant d'années à édifier. Nous-mêmes, spectateurs bouleversés, nous sommes menacés maintenant d'un péril sans exemple et d'une mort terrible et fatale. Tout ce que l'imagination la plus débridée pourra évoquer, tout ce que l'esprit le plus actif pourra se figurer, restera bien en deçà de la situation terrifiante, épouvantable où nous nous trouvions.

»A Anjer, le 27 août, à six heures du matin, la plupart des habitants sont encore au lit, alors une montagne d'eau toute noire, fantastique, arrive avec fracas, s'élance et inonde la ville. Puis elle reflue, entraînant avec elle hommes, femmes et enfants. Puis, tout est à nouveau tranquille et silencieux, on ne voit plus que des débris de cadavres, de navires, de maisons et de branches. Ce n'est que le commencement, car une épaisse et aveuglante pluie de cendres envahit l'atmosphère. Néanmoins, les personnes qui sont sauvées, quoique presque toutes blessées, reprennent haleine. Une deuxième vague arrive alors, monte à 35 mètres de hauteur et, en rentrant, elle entraîne avec elle tout ce qui avait survécu au premier raz de marée. Anjer n'existe plus sur la carte du globe. Seule la base du phare reste debout. Voilà cette cité telle que nous l'avons vue du bord du «Général Loudun», le 28 août 1883.»

Une répercussion à l'échelle mondiale

Le flot détruisit tout, lança les bateaux loin à l'intérieur et des villes du bord de mer, il ne subsista rien, pas même la trace des rues. Mais ces vagues nombreuses firent sentir leur action bien loin de l'Insulinde et atteignirent les côtes américaines, le Japon, Ceylan, et se propagèrent jusque sur les côtes de France ! Les vagues mesuraient encore un demi-mètre de hauteur lorsqu'elles arrivèrent le lendemain à l'isthme de Panama et leur vitesse de propagation fut phénoménale puisqu'elles gagnèrent l'île Maurice, dans le voisinage de Madagascar à plus de 680 kilomètres à l'heure.

Ce qui a frappé l'imagination des contemporains en dehors des dizaines de milliers de morts causées par la catastrophe, c'est sa répercussion à l'échelle mondiale. La commotion marine qui en résulta intéressa presque toutes les mers du globe, et les phénomènes atmosphériques furent encore plus spectaculaires puisque l'onde de choc fit trois fois le tour du monde et que durant des années, les habitants de la terre assistèrent dans le ciel à des phénomènes mystérieux et insolites.

Ferdinand de Lesseps qui se trouvait au Panama pour le percement du canal a rapporté ce qu'il avait pu observer de l'arrivée des ondes, dans une communication à l'Académie des Sciences de Paris. « Dans la journée du 27 août, à partir de quatre heures du soir environ, le niveau de la mer à Colon, éprouva une série d'oscillations, que le marégraphe, établi par la Compagnie du canal transocéanique, accusa d'une façon très nette. Ces oscillations étaient, quant à l'amplitude, tout à fait comparables aux mouvements actuels de la marée en ce point ; seulement, la durée en était moindre, de une heure à une heure trente minutes, au lieu du chiffre à peu près normal de douze heures. La grande courbe du marégraphe montre que, entre 3 h 30 du soir et 1 h 30 du matin, la mer effectua huit oscillations dont l'amplitude varia à peu près de 0,30 mètre à 0,40 mètre, que le mouvement commença, avec toute son intensité, par une dépression dans le niveau de la mer, comme s'il y avait eu au large une commotion violente dans un sens opposé à la direction de Colon, ou une disparition subite d'île dans les profondeurs de la mer... Ces oscillations n'avaient évidemment pas pour cause l'attraction luni-solaire, puisque le mouvement de la marée, qui est occasionné par cette attraction, s'est, pendant ce temps-là, produit indépendamment de ces oscillations, qui se sont effectuées autour de la courbe habituelle de la marée.

Du détroit de la Sonde à l'isthme de Panama

»D'un autre côté, rien, en fait de phénomènes météorologiques, ne pouvait justifier de pareils mouvements, la température, la pression étaient absolument normales, le vent était faible, comme pendant tout le mois d'août, et la surface de la mer ne présentait que la petite agitation des jours précédents et suivants. Ces oscillations ne pouvaient donc être occasionnées que par un phénomène tout à fait extraordinaire. On ne tarda pas, dans l'isthme, à en avoir l'explication, quand on apprit la catastrophe qui avait eu son origine dans le détroit de la Sonde.

» D'après les récits que l'on a aujourd'hui de cette catastrophe, elle s'est annoncée, dans la journée du 25 août, par des grondements souterrains partant de l'île de Krakatau, située en avant de l'entrée ouest du détroit. Pendant la nuit suivante, les eaux du détroit sifflaient en bouillonnant avec violence, tandis que des vagues énormes venaient se briser contre les rives de Java; la température de la mer haussait de près de 20°.

» Dans la journée du dimanche 26 août, les éruptions volcaniques se développèrent avec une très grande rapidité, et en même temps les secousses du sol et l'agitation de la mer allèrent en croissant d'une façon terrible. C'est pendant cette journée et celle du lendemain, et plus particulièrement à partir du 26 au soir, que le déchaînement des éléments fut à son paroxysme et que la plus grande partie de la catastrophe se produisit.

» D'autre part, le maximum d'ébranlement de la mer à Colon a eu lieu, d'après ce qui vient d'être dit, dans un intervalle d'environ dix heures, commençant le 27 à 2 h 30 du soir, ce qui, d'après la différence de longitude entre l'isthme de Panama et le détroit de la Sonde, correspond, en ce dernier point, à peu près au 28, à 4 h du matin. Si donc on admet que le grand ébranlement marin qui s'est propagé jusqu'à Colon a commencé dans le détroit le 26 au soir, on voit que la durée de la propagation entre ces deux régions a été d'une trentaine d'heures.

A travers le Grand Océan

»A première vue, on est tenté de s'étonner que cet ébranlement se soit fait sentir à Colon, sur l'Atlantique, et non à Panama, sur le Pacifique, où rien de semblable, d'après les indications du marégraphe de l'île de Naos, ne s'est manifesté. Le trajet paraît en effet direct entre le détroit de la Sonde et la baie de Panama, à travers le Grand Océan (1), tandis que, pour se propager jusqu'à Colon, l'onde a dû contourner le continent africain, pénétrer dans l'océan Atlantique entre l'Afrique et l'Amérique du Sud, et aller jusqu'au fond de la mer des Antilles, sans compter que ce dernier trajet est un peu plus grand en longitude que l'autre.

»Mais le fait s'explique naturellement par cette double circonstance, que le trajet direct vers l'est se trouve barré par les innombrables îles et récifs du large archipel situé au nord de l'Australie, et qu'en outre il y a dans tout cet archipel, en général, une très faible profondeur d'eau. Dans ces conditions, l'ébranlement, en supposant qu'il put arriver jusque dans les masses d'eau profondes du Grand Océan, devait nécessairement s'y éteindre, et il n'est pas étonnant qu'on n'ait rien ressenti dans la baie de Panama.

»Au contraire, du côté de l'ouest, le détroit de la Sonde s'ouvre directement dans l'océan Indien, et l'ébranlement dont le centre était certainement l'île de Krakatau, s'est produit immédiatement sur des masses d'eau profondes, non coupées par des îles ou des récifs ; de plus, dans le sens de la propagation

1. *Le Pacifique.*

de cet ébranlement, se trouve le courant équatorial de l'océan Indien, qui s'infléchit vers le sud, le long du continent africain, puis le courant traversier de l'océan Atlantique, qui, à partir de la pointe sud de ce continent, tourne au nord, se dirige graduellement vers l'ouest et devient le courant équatorial qui pénètre à peu près jusqu'au fond de la mer des Antilles. Il y a évidemment dans cette marche des courants, toute lente qu'elle soit, une circonstance favorable pour la transmission de l'ébranlement jusqu'à Colon.

»Telles sont les raisons pour lesquelles on peut expliquer très naturellement cette transmission. Le fait en lui-même n'a rien d'étonnant, en dehors de son étendue ; mais, de même que la catastrophe qui vient de ravager Java et les îles avoisinantes est probablement la plus épouvantable que l'Histoire ait jamais enregistrée, de même cette propagation de la commotion par l'eau des mers est probablement la plus lointaine que la Science ait eu à étudier.»

Le tour du monde en 35 heures

Un autre phénomène non moins extraordinaire, lié à l'explosion du Krakatau, a lui aussi parcouru toute la surface de la terre. Il s'agit de l'ébranlement des couches atmosphériques engendré par le cataclysme de Java. Ce tour du monde réalisé par l'ondulation atmosphérique a eu lieu en 35 heures, soit à la vitesse du son dans l'air, puisqu'elle est arrivée à l'Observatoire de Paris à 2 heures de l'après-midi du 27 août, soit 10 heures seulement après la plus forte éruption du Krakatau à la vitesse de

1180 kilomètres à l'heure. Cette oscillation, la première à être enregistrée à Paris, avait franchi en 10 heures, 11 500 kilomètres à travers l'Inde, l'Iran, l'Arabie, la Turquie, les Balkans et l'Autriche.

Mais Paris fut également atteint dans la nuit du 27 au 28 août par l'autre ondulation qui progressait dans la direction de l'ouest et qui mit 24 heures et demie pour parcourir les 28 500 kilomètres séparant Java de la France, après avoir traversé le Pacifique, le continent nord-américain et l'Atlantique.

Ces vagues atmosphériques gigantesques qui parcoururent toute la surface du globe en 35 heures, se développèrent à partir de la projection par le volcan à des hauteurs fantastiques d'une masse énorme de vapeur d'eau, de cendres, de poussières, de flammes et de ponces. Le plus extraordinaire, c'est la répétition du phénomène qui eut lieu trois fois à intervalles réguliers, c'est-à-dire que l'ébranlement atmosphérique causé par l'éruption du Krakatau fit trois fois le tour de la terre en 105 heures de temps, événement sans précédent, jamais encore constaté par la science. Ces ondulations atmosphériques ont été enregistrées par tous les observatoires du monde en Amérique, en Asie et en Afrique, aussi bien qu'en Europe, où elles attirèrent l'attention des savants de Paris, Greenwich, Bruxelles, Berlin, Vienne, Madrid, Saint-Pétersbourg, Rome et Naples.

L'explosion entendue à plus de 3000 kilomètres

Si l'ébranlement de l'atmosphère a étonné le monde savant, il n'a pas été remarqué par le public. Il n'en a pas été de même du bruit des explosions qui furent entendues à plusieurs milliers de kilomètres du lieu de l'éruption. Les détonations du Krakatau furent ainsi perçues en Australie, aux Philippines, en Birmanie et dans l'île de Ceylan, soit dans un rayon de 3300 kilomètres autour du détroit de la Sonde. Jamais dans l'histoire de la science des explosions volcaniques n'avaient été entendues aussi loin que celles du Krakatau qui couvrirent plus d'un quinzième de la surface du globe.

Si l'éruption avait eu Paris pour centre, les habitants de la Russie, du Groenland, comme ceux du Maroc ou de l'Egypte l'auraient entendue. Ceci laisse rêveur quant à la force des explosions. Leur contrecoup sensible se fit sentir à près de 200 kilomètres et les habitants de la ville de Batavia comprirent qu'un phénomène exceptionnel était en cours, lorsque les portes, les fenêtres de leurs maisons furent secouées avec violence. En même temps, les horloges s'arrêtèrent et les objets placés sur les meubles furent précipités à terre, le tout sur un fond sonore de détonations. Dans toute l'île de Java, les mêmes manifestations se produisirent et de nombreuses habitations se lézardèrent.

Ce qui intrigua cependant le plus les savants, c'est la transmission des bruits de l'explosion jusqu'aux antipodes de l'île de Krakatau, quelque part dans la mer des Caraïbes. En effet si les détonations avaient été entendues jusque-là, cela voulait dire que le bruit se serait propagé à travers la masse entière de notre planète ! Cette nouvelle qui allait soulever tant de polémiques ne fut cependant connue que dix-huit mois après l'éruption. C'est un Suisse, le professeur Forel, qui lança cette bombe à l'Académie des Sciences, le 9 mars 1885, dans un rapport appelé à devenir célèbre. « Au sud de Cuba, a raconté un voyageur, par 80° de longitude ouest de Greenwich et 20° latitude nord, sont trois îlots connus sous les noms de Grand-Caïman, Petit-Caïman et Caïman-Brac, habités par des pêcheurs de tortues : stations de sauvetage pour les naufragés et agences du Lloyd. Au mois d'octobre 1883, comme je me trouvais dans l'île d'Utila, sur la côte du Honduras, les journaux nous entretinrent de grandes éruptions volcaniques du détroit de la Sonde, et, en parlant avec le capitaine Robert Woodville, qui venait de recevoir des nouvelles des Caïmans, j'appris ce qui suit. Le dimanche 26 août 1883, les habitants de Caïman-Brac furent surpris d'entendre des bruits comme le roulement lointain du tonnerre ; le ciel était cependant serein et leur première idée fut qu'un croiseur espagnol était aux prises avec un flibustier cubain.

» Ne voyant rien au Sud, ils traversèrent l'île en courant au Nord ; mais de quelque côté qu'ils portassent leurs regards, ils n'aperçurent ni fumée ni navire. Cependant, la canonnade continuait, et en revenant sur leurs pas, ils se convainquirent que ces bruits étaient souterrains. Au premier moment, ils s'attendaient à voir leur îlot s'engloutir ou se transformer en volcan ; mais peu à peu, les détonations cessant, leurs craintes se dissipèrent. Ce phénomène extraordinaire n'en fit pas moins les frais de maintes conversations ; on n'avait oublié ni le fait ni la date, lorsque les journaux publièrent les premières dépêches sur le cataclysme du Krakatau, et les curieux constatèrent bientôt que les Caïmans et Java sont à peu près aux antipodes l'un de l'autre. »

Un fait absolument stupéfiant

La question que se posèrent aussitôt les géologues fut de savoir si, dans ce cas précis, on se trouvait en face d'un fait absolument stupéfiant : la propagation directe par le centre de la terre et à travers tout le noyau central des bruits d'explosion en provenance du détroit de la Sonde, phénomène extraordinaire, on en conviendra. Aujourd'hui encore, l'énigme demeure. Essayons pourtant d'y voir clair. Si les Caïmans ne sont pas situées exactement aux antipodes du Krakatau qui se trouvent en Colombie, près de la ville d'Antioquia, elles en sont cependant fort proches. Mais le son peut-il se propager ainsi à travers la masse entière de notre sphéroïde ?

A l'époque on ne manqua pas d'objecter que les détonations entendues aux Caïmans provenaient d'un volcan voisin. Il y en a en effet de nombreux et en août 1883 on a enregistré deux éruptions : celle du Cotopaxi, dans l'Equateur et celle de l'Omatepe, un volcan insulaire situé sur le lac Nicaragua, en Amérique centrale. Toutefois ces cônes éruptifs, aujourd'hui encore actifs, se trouvent respectivement à 2300 et 1200 kilomètres des îles Caïmans et l'intensité des éruptions de 1883 rend peu probable qu'elles puissent avoir été entendues aussi loin. En outre les dates ne correspondent pas à celle du 26 août, et on ne comprend pas non plus comment des explosions aussi fortes, si elles avaient eu lieu, n'auraient pas été perçues ailleurs. Or aucun document ne permet de retenir cette hypothèse.

Par contre, il faut remarquer que les bruits de canonnade signalés par les habitants des Caïmans sont identiques à ceux décrits à Java, lors du cataclysme du Krakatau et que les autres dates, en particulier celle du 26 août, correspondent précisément avec la phase la plus intensive de l'éruption du détroit de la Sonde. Des bruits semblables ont d'ailleurs été signalés à la même époque à des distances aussi considérables, par exemple aux îles Hawaï, par le professeur Morel et à Saint-Domingue. Dans cette île, un habitant, A. Lienas, racontait que le lundi 28 août 1883, le jour où le cataclysme javanais était à son maximum, on avait entendu à Saint-Domingue, entre 4 heures et 5 heures du soir, des détonations souterraines entremêlées de crépitements, ressemblant à s'y tromper au bruit d'un combat éloigné. Ces explosions entendues depuis la baie de Samana jusqu'à la plaine de l'Artibonite, sur une distance de 800 kilomètres, avaient mis en émoi toute la population de l'île. Enfin il faut écarter une autre explication, celle d'une éruption sous-marine survenue près des îles Caïmans, car cette région est très peu volcanique, et les phénomènes de cet ordre se situent ou plus à l'est, dans les Petites-Antilles, ou plus à l'ouest, dans l'isthme formé par l'Amérique centrale.

Illuminations nocturnes

Le cataclysme eut encore d'autres conséquences plus spectaculaires encore et qui furent aperçues cette fois par les habitants du monde entier. L'abondance des matériaux rejetés par le volcan, pierres ponces dérivant sur la mer comme d'immenses îles flottantes, cendres et poussières en suspension dans l'atmosphère et retombant jusqu'en Europe, fut considérable. Ces impalpables matériaux répandus dans les hautes couches de l'atmosphère obscurcirent et modifièrent pendant des mois, voire des années, la lumière solaire et ces phénomènes concernèrent aussi bien l'Europe que l'Arabie, l'Australie, l'Afrique et l'Amérique.

Dès le 27 août, la population de l'île de la Réunion put assister à un spectacle étonnant. La lune alors à son premier quartier était entourée d'un halo et le ciel était embrasé comme par un gigantesque incendie. Sur ce fond de pourpre l'astre des nuits avait des reflets verdâtres et ces couleurs n'étaient ni estompées ni dégradées comme dans les beaux couchers de soleil, mais les teintes étaient vives et tranchées. Le «Courrier» de la Réunion écrivait dans son éditorial du 9 octobre 1883: «Vers le 16 septembre, les choses avaient paru rentrer dans l'ordre; il y avait eu double dénouement, tragique vers les détroits, placidement poétique ici, sous forme d'aurore australe. Mais depuis le 26 septembre, et invariablement de douze heures en douze heures, les apparences anormales ont repris leur cours au-dessus de nos têtes, avec plus d'intensité et de persistance.

»Le soir, par exemple, l'horizon est très curieux à

observer. On n'y voit d'abord aucun indice, même assez longtemps après la disparition des derniers rayons du soleil, et l'on est tenté de se dire : allons-nous-en, il n'y aura rien aujourd'hui, tout le fond du ciel est terne et uniforme. Mais aussitôt une légère teinte jaune pâle apparaît partout en nappe, et passe rapidement au cramoisi après avoir parcouru toute la gamme des nuances qui s'insèrent entre ces deux couleurs. Ce qu'il y a d'inaccoutumé, c'est que cette gamme est redescendue et remontée à plusieurs reprises jusqu'à ce que le Soleil, continuant de plonger vers l'horizon, modifie assez les conditions de réfraction pour que la scène s'éteigne. »

On pouvait lire le journal en pleine nuit dans les rues de Paris

Le soir du 26 novembre 1883, la France à son tour, fut le témoin ébloui de ce spectacle. Il commença un peu après le coucher du soleil ; aussitôt le ciel fut comme embrasé par un océan de flammes et l'illumination était si intense qu'on pouvait lire son journal en pleine nuit dans les rues de Paris. Les journaux du temps sont pleins de témoignages sur ce phénomène céleste. Ils nous décrivent les Parisiens s'interrogeant et se demandant quel était l'incendie qui faisait rage à l'ouest de la capitale ? Sur les bords de la Seine surtout, le spectacle était grandiose, les feux du ciel se reflétant dans la Seine et faisant miroiter les hautes fenêtres des immeubles riverains.

La nuit était si « claire » que la lumière des becs de gaz ne répandait qu'une sorte de lueur verte fantomatique. La lune elle-même, comme à la Réunion, était verte, et les jours suivants le ciel prit des colorations roses, puis rouge vif.

Soleil vert

Les Parisiens ne furent pas les seuls à jouir de ce spectacle, et on apprit qu'il avait été vu simultanément par la France entière. Ce phénomène météorologique fut également visible de la Suède, de la Norvège, de l'Angleterre, de la Baltique, de la Suisse, de l'Allemagne, de l'Italie, de la Grèce, de l'Espagne, en un mot de toute l'Europe. Aux Indes, en Egypte, ces illuminations bouleversèrent les indigènes et engendrèrent des terreurs superstitieuses, en Arabie les pèlerins de La Mecque croyaient qu'elles annonçaient le retour du Prophète. En Colombie on observa, le 22 septembre, un magnifique soleil vert que l'on pouvait regarder en face sans être ébloui, puis il devint bleu et enfin violet, avant de se coucher derrière les montagnes de la Cordillère des Andes.

Sous d'autres latitudes, l'astre du jour prit des colorations bleues ou bleuâtres, ce fut le cas aux Indes du 10 au 13 septembre et au Venezuela le 2 septembre. Les habitants de ce pays purent, eux aussi, contempler le soleil en face et remarquer que ce jour-là, eux-mêmes et tous les objets environnants avaient revêtus une teinte uniformément bleue. Cette couleur fut également celle du soleil aux îles Hawaï comme à la Trinité, dans la mer des Caraïbes.

Les savants songèrent d'abord à expliquer ce phénomène météorologique par les aurores boréales, mais après la nouvelle de l'éruption survenue dans le détroit de la Sonde, ils n'eurent plus de doutes sur leur origine. Les illuminations si belles et si insolites provenaient sans contredit des myriades de particules poussiéreuses projetées à des hauteurs vertigineuses et entraînées tout autour du globe par les courants atmosphériques.

Des poussières venues des antipodes

Connaissant la date des diverses illuminations, on peut se faire une idée de la vitesse de propagation de ces nuages de vapeur et de poussières. Elle est de l'ordre de 120 kilomètres à l'heure. Dans certains endroits proches de l'Insulinde, on a entendu les explosions et vu au même moment l'aspect du soleil se modifier. Aux Seychelles et dans les Mascareignes, le 27 août, on remarqua en même temps un raz de marée d'une ampleur inhabituelle avec des vagues de 2 mètres de haut, et on vit le soleil perdre son éclat accoutumé. Ces poussières qui assombrirent la lumière solaire finirent par se diluer, mais ces phénomènes, bien que beaucoup atténués, furent encore observés en divers points du globe, en 1884 et 1885. La réalité de l'existence de ces particules poussiéreuses a été largement démontrée par leurs retombées à la surface du sol. Cette poussière sulfureuse, de teinte gris verdâtre a été ramassée un peu partout. Elle a été principalement remarquée en Rhénanie durant l'hiver 1883-1884, lorsque des chutes de neige furent accompagnées par des pluies de ces poussières venues des antipodes. Les habitants purent voir leurs champs recouverts d'une espèce de neige noirâtre.

D'autres chutes semblables furent signalées notamment en Suisse et en Afrique du Sud. Un savant suisse, le Docteur Dufour de l'Académie des Sciences de Lausanne, après des calculs pour déterminer la hauteur de ces nuages qui modifiaient le spectre solaire, avait trouvé qu'ils se situaient à une altitude de 70 kilomètres environ. Ce qui surprit alors, ce n'est pas tant le phénomène en lui-même que son ampleur, car on se souvenait bien en Europe que lors de l'éruption de la fantasque île Julia, en 1831, au large de la Sicile, des vapeurs semblables avaient causé en Europe des illuminations analogues, et il en avait été de même à la fin du XVIIIe siècle après les catastrophiques éruptions des volcans islandais. Mais la Sicile et l'Islande étaient en Europe et l'intensité et la durée des illuminations avaient été bien plus modestes qu'en 1883.

36 milliards de tonnes!

L'importance des matériaux rejetés par le volcan, la puissance de l'explosion qui les projeta à une très grande hauteur expliquent ces phénomènes atmosphériques et météorologiques observés de tous les points du globe. Le savant hollandais R.D.M. Verbeek, qui a rassemblé le dossier le plus complet sur la catastrophe de 1883, estime que la quantité de laves vomies par le volcan serait de l'ordre de 18 milliards de mètres cubes, mais elle pourrait en réalité être encore plus élevée. Le poids total des matériaux s'élèverait au chiffre colossal de 36 milliards de tonnes, et c'est là une estimation minimum! La majeure partie de cette masse est retombée dans un rayon d'une vingtaine de kilomètres; les pierres ponces constituèrent à elles seules des amoncellements de 50 mètres de haut et ces véritables montagnes de scories se dressèrent comme de nouvelles îles au-dessus des flots, les fonds marins autour du Krakatau n'ayant pas plus de 35 mètres de profondeur. Ces îles de ponce disparurent au bout de quelques mois, usées par l'action de la mer, mais durant longtemps les marins aperçurent des fumées qui s'élevaient de ces amas brûlants.

L'explosion formidable du 27 août lança ces divers matériaux à des hauteurs vertigineuses, entre 30 et 80 kilomètres, et on signale qu'un bloc de lave s'abattit à 50 kilomètres du volcan et les pluies de cendres retombèrent sur une surface de 800 000 km^2. Après l'éruption les deux tiers de l'île avaient disparu sous les eaux, et à la place du cône volcanique, il y avait un énorme cratère béant (caldeira). On crut tout d'abord que la montagne avait explosé sous la poussée des gaz, mais les vulcanologues retiennent maintenant l'hypothèse d'un effondrement. Après l'éruption, l'île était entièrement nue et recouverte d'une couche de cendres épaisse de 1 mètre, aucune vie n'y subsistait. Trois ans plus tard seulement, un botaniste qui la visita y trouvait quelques espèces de fougères dont les graines avaient été apportées par les oiseaux et les courants marins. Après le cataclysme, le Krakatau s'assoupit et ne fit plus parler de lui jusqu'en 1927, époque où un îlot surgit à l'emplacement de la partie disparue en 1883. Cette nouvelle île, due à une éruption sous-marine et baptisée l'Enfant du Krakatau (Anak Krakatau), s'enfonça à son tour sous les eaux. Elle reparut en juin 1939 et son apparition fut accompagnée d'explosions violentes et de projections de fumées et de cendres, puis elle replongea à nouveau. Depuis, une activité volcanique continue de s'y manifester.

En avril 1815 déjà le Tambora...

Cette colossale éruption, les vulcanologues ont tenté de l'expliquer, et avancent en général l'hypothèse d'une crevasse causée par des tremblements de terre qui auraient frayé un passage aux eaux de la mer jusqu'au magma incandescent monté des profondeurs. De 1880 à 1883, des secousses sismiques très fortes avaient été enregistrées dans cette région, et, l'une d'elles, le 1er septembre 1880, avait terrifié les habitants de Batavia. Il s'agirait donc, dans le cas du Krakatau, d'une éruption causée par des infiltrations marines et les quantités phénoménales de vapeurs d'eau rejetées par le cratère confirmeraient cette hypothèse.

Si prodigieuse qu'ait été l'éruption du Krakatau, il est possible qu'elle ait été surpassée par celle du Tambora. Ce volcan avait à l'origine une hauteur de 2850 mètres, mais après la catastrophe il se vit réduit à 1550 mètres seulement. L'éruption du Tambora qui atteignit son paroxysme le 5 avril 1815, passe pour être le cataclysme volcanique le plus terrifiant de l'histoire humaine, mais à cette époque éloignée on ne put très bien mesurer l'ampleur de la catastrophe. Il est vrai qu'à cette date l'Europe était en guerre. C'était l'époque des Cent-Jours et à Paris, il y avait seulement deux semaines que Napoléon de retour de l'île d'Elbe était arrivé aux Tuileries.

Les Européens qui préparaient Waterloo prêtèrent peu d'attention à cet événement lointain. Le Tambora est un volcan situé lui aussi au bord de la mer, au nord de l'île Sumbawa, dans l'Insulinde. Cette région à laquelle appartient aussi le Krakatau est l'une des plus volcaniques du monde, puisque c'est elle qui groupe la plus forte concentration de volcans en un même point du globe, l'Indonésie comptant à elle seule près de 80 cratères en activité.

L'éruption du Tambora en avril 1815 n'en fit pas moins 50000 victimes; 15000 personnes périrent brûlées ou englouties sous les cendres dans l'île même de Sumbawa et les 45000 autres moururent de faim dans l'île voisine de Lombok éloignée de 100 kilomètres et qui fut ensevelie sous 1 mètre de cendres brûlantes qui y brûlèrent toute la végétation et provoquèrent un terrible famine.

30000 morts en 30 secondes

Le 8 mai 1902, le Ministre de la Marine recevait un télégramme du commandant du « Suchet » ainsi libellé :

Fort de France – 8 mai – 9 h. 55, soir

« Reviens de Saint-Pierre. Ville complètement détruite par masse de feu vers 8 heures du matin. Suppose toute population anéantie. Ai ramené les quelques survivants, une trentaine. Tous navires sur rade incendiés et perdus. Eruption volcan continue. Je pars pour Guadeloupe chercher vivres. »

C'est ainsi que la France apprit l'épouvantable catastrophe qui venait de rayer de la carte des vivants la deuxième ville, après Fort-de-France, de la Martinique, et toute sa population. Située dans une baie circulaire, cette jolie ville avait été fondée en 1635 par les premiers colons. Au début du siècle elle comptait environ 26000 habitants et était le siège d'un évêché. Importante place commerciale pour la fabrication du rhum, Saint-Pierre possédait également un hôpital, un lycée, une école normale d'instituteurs et une chambre de commerce.

Or cette cité florissante et tous ses habitants disparurent en l'espace de quelques secondes ; la soudaineté et la brièveté de la catastrophe stupéfièrent les quelques témoins spectateurs du cataclysme. Un négociant de Fort-de-France était en communication le matin du 8 mai avec un de ses clients résidant à Saint-Pierre. Celui-ci lui décrivait les phénomènes impressionnants qui se passaient au sommet de la montagne Pelée qu'il apercevait des fenêtres de son bureau ; en même temps, il lui faisait part de ses craintes de la population. « Si réellement, lui disait-il, ces manifestations extraordinaires continuent, je me déciderai à gagner Fort-de-France avec toute ma famille ». Au moment où il terminait cette phrase, son interlocuteur l'entendit pousser un cri effrayant, puis un autre plus faible, comme un râle assourdi, puis plus rien. Le négociant appela à plusieurs reprises, mais plus personne ne répondit.

Au même instant, un employé du téléphone de Fort-de-France demandait à l'un de ses collègues de

Saint-Pierre la communication avec l'un des villages de la côte, ce dernier lui répond que depuis le matin cette ligne est coupée sans doute en raison de l'éruption; lorsqu'il l'interroge à nouveau, il reçoit comme réponse un cri épouvantable et il entend le bruit d'un édifice qui s'effondre alors que dans le bureau de Fort-de-France, les appareils se mettent à sonner et à lancer des étincelles... toute communication avec Saint-Pierre est définitivement coupée. Quel est donc le cataclysme qui a pu provoquer en l'espace de quelques secondes une si terrible tragédie?

La montagne Pelée

Le volcan de la montagne Pelée, situé dans la partie nord de l'île, dominait de ses 1350 mètres le port de Saint-Pierre. L'île montagneuse, au relief tourmenté, ponctué par des montagnes que l'on appelle «mornes» aux Antilles, avait déjà été le théâtre de tremblements de terre et de manifestations volcaniques. Une des plus anciennes s'était produite en 1792 au Piton du Carbet, une autre avorta en 1871, mais à cette occasion les habitants du petit village du Prêcheur avaient perçu une forte odeur de soufre. Par la suite ils entendirent quelques bruits d'explosions souterraines, assez faibles d'ailleurs, et remarquèrent que le sommet du mont se couronnait d'un panache de fumée, enfin ils virent bien une petite pluie de cendres s'abattre sur les pentes de la montagne.

Ces phénomènes de peu d'ampleur n'inquiétèrent guère la population martiniquaise; plus grave fut le tremblement de terre qui détruisit presque complètement Fort-de-France le 11 janvier 1839. Toute cette région était considérée comme fort instable et le géographe Elisée Reclus estimait pour sa part que le nom de la montagne Pelée était dû à une ancienne éruption qui avait fait disparaître sous des couches de cendres le sommet du morne.

L'angoisse monte

Dès l'année 1900, des habitants avaient été frappés par plusieurs manifestations insolites du volcan qui laissaient présager son prochain réveil. Le lundi de Pentecôte, des Saint-Pierrais partis pique-niquer au sommet de la montagne virent des solfatares dans le cratère et des espaces entièrement rasés et comme brûlés par des émanations de soufre qui n'existaient pas l'année précédente. Le volcan paraît être sorti de son assoupissement entre 1899 et 1900.

En 1901, des petites fumées verdâtres furent aperçues. Mais tout cela n'attira pas l'attention et c'est seulement au printemps de 1902 que les fumées et les odeurs de soufre persistantes commencèrent à incommoder sérieusement les insulaires, d'abord les villageois du Prêcheur, les plus proches, puis les citadins de Saint-Pierre où la montagne Pelée devint un sujet quotidien de conversation.

En ce printemps pluvieux, les nuages voilèrent la plupart du temps les hauteurs du morne dénudé, mais dès le 22 avril, des détonations se firent entendre, de lourds panaches de fumée noire s'élevèrent dans le ciel jusqu'à 500 mètres de hauteur et des pluies de cendre recouvrirent les environs. Tout le monde alors se convainquit que le volcan s'était rallumé; le 25, il y eut une très forte explosion, on constata qu'une large fissure s'était formée dans le cratère et que des sources s'étaient taries. Le 2 mai, plusieurs autres bouches s'ouvrirent et le 5, des coulées de laves comme des boues noirâtres dévalèrent les pentes dans la direction de la rivière Blanche où elles engloutirent deux usines à sucre qui se trouvaient sur leur passage et provoquèrent la mort d'une vingtaine de personnes, les premières victimes du monstre, qui trois jours après allait faire disparaître 30000 malheureux.

«Si nous sommes encore vivants...»

Les lettres envoyées par les habitants de Saint-Pierre quelques jours avant la catastrophe font état des craintes, et même d'une certaine panique causées par le volcan. «Des nouvelles reçues des communes du Nord disent que des pierres de fort volume ont été lancées par le cratère et sont tombées à environ 2 kilomètres à vol d'oiseau de leur point de départ, écrivait le 3 mai un correspondant d'une société savante. Il règne une grande panique dans ces communes et les habitants émigrent en grand nombre vers la ville. Au moment où j'écris, la cendre tombe toujours, l'éruption bat son plein.»

Le même jour un autre disait: «Je vous écris à la hâte et sous l'impression d'inquiétudes bien grandes, surtout à cause de ceux des miens qui m'entourent... Par le bateau anglais de jeudi prochain, je répondrai à vos lettres, si d'ici là nous sommes encore vivants.»

Le «jeudi prochain», jour de l'Ascension, fut celui de la tragédie. Combien émouvantes sont ces lettres, les dernières écrites à un parent, à un ami cher. «Si la mort nous attend, nous filerons tous en nombreuse compagnie. Sera-ce par le feu ou par l'asphyxie? Il en sera ce que Dieu voudra», écrivait une jeune fille.

Dans une de ses lettres, un habitant disait à son frère: «Que nous réserve demain? Une coulée de laves? une pluie de pierres? un jet de gaz asphyxiant? quelque cataclysme de subversion? Nul ne le sait.»

Un professeur du lycée décrivait aux siens le 3 mai 1902, la situation à Saint-Pierre. «Toute la nuit le volcan a craché des cendres sur la ville qui apparaît ce matin couverte d'un linceul grisâtre... Je vais au lycée à 8 heures, à la fin de ma conférence, j'aperçois les répétiteurs qui, avec quelques élèves, se montrent du doigt la montagne... A 2 heures du matin, ta mère et ta sœur sont réveillées par une détonation, nos chiens jappent, moi-même je suis réveillé par une odeur de soufre; il pleuvait de la cendre dans la maison même, les meubles en sont pleins. 9 heures 45. La cendre nous aveugle; la montagne Pelée est absolument invisible, cachée par une couche impénétrable de vapeurs.»

A travers ces divers récits, on comprend mieux l'angoisse des hommes et des bêtes. Les relations insistent sur la frayeur des animaux qui grâce à leur sens plus aiguisés pressentent la catastrophe; un bœuf échappé court sur la route comme un fou, les oiseaux apeurés ne savent où se percher, les pigeons se blottissent dans leurs pigeonniers, les chats se sauvent, les chiens aboient, dans les basses-cours, les canards, les poules refusent de sortir de leurs cages. Les campagnards avec leurs femmes, leurs enfants, leurs bêtes fuient leurs villages et se réfugient à Saint-Pierre. Les vapeurs et les cendres empêchent les gens de respirer.

L'erreur des autorités

Le 3 mai, le gouverneur de la Martinique, Mouttet, arrive de Fort-de-France et réunit une commission. Le tambour roule dans les rues, les magasins ferment. Malgré les symptômes alarmants, le gouverneur faisait afficher une proclamation destinée à rassurer la population. La commission publiait le 7 mai, la veille de la catastrophe, le communiqué suivant. «La Commission chargée d'étudier les phénomènes volcaniques de la montagne Pelée s'est réunie hier soir, 6 mai, à Saint-Pierre, à l'Hôtel de l'Intendance, sous la présidence de M. le Gouverneur. Après examen des faits constatés successivement depuis le commencement de l'éruption, la Commission a reconnu :

1°) — Que tous les phénomènes qui se sont produits jusqu'à ce jour n'ont rien d'anormal et qu'ils sont au contraire identiques aux phénomènes observés dans tous les autres volcans.

2°) — Que les cratères du volcan étant largement ouverts, l'expansion des vapeurs et des boues doit se continuer comme elle s'est déjà produite, sans provoquer des tremblements de terre ni des projections de roches éruptives.

3°) — Que les nombreuses détonations qui se sont fait entendre fréquemment sont produites par des explosions de vapeurs localisées dans la cheminée et qu'elles ne sont nullement dues à des effondrements de terrain.

4°) — Que les coulées de boue et d'eau chaude sont localisées dans la vallée de la rivière Blanche.

5°) — Que la position relative des cratères et des vallées débouchant vers la mer permet d'affirmer que la sécurité de Saint-Pierre reste entière. »

Le lendemain de cette proclamation, la ville était anéantie. La responsabilité des autorités paraît donc engagée, même si les scientifiques appelés à donner leur avis se sont trompés sur l'ampleur de l'éruption et son évolution. Pourquoi n'incitèrent-elles pas la population effrayée à fuir vers Fort-de-France? Tout simplement parce que les élections municipales étant proches, les candidats ne souhaitaient pas voir leurs électeurs se disperser. Ces préoccupations de politique locale ont peut-être causé la mort de dizaines de milliers de personnes. Très peu en effet quittèrent la ville rassurés par le communiqué optimiste, tous se trouvaient encore à Saint-Pierre ce matin du jeudi de l'Ascension 8 mai 1902.

La montagne s'ouvrit en deux

Or, vers 7 h 50, sans manifestation particulière préalable, une formidable explosion se fit entendre, la montagne Pelée s'ouvrit en deux du haut en bas et par cette fissure un éclair formidable jaillit puis une trombe de feu, un nuage de vapeur en sortent qui semblent se précipiter vers la ville de Saint-Pierre à la vitesse de 150 kilomètres à l'heure. En quelques secondes tout est fini, la ville détruite, tous ses habitants disparus. Des rares témoins ont assisté à la tragédie. C'est d'abord le capitaine du navire anglais «Roddam» ancré dans la rade de Saint-Pierre et qui parvint à s'enfuir du port après avoir dû couper son ancre pour s'échapper plus vite. Il gagne l'île voisine de Sainte-Lucie, mais lorsqu'il y arriva, 14 de ses 26 hommes d'équipage avaient péri de leurs brûlures.

Le commandant a décrit la rade de Saint-Pierre le matin du 8 mai où se trouvaient ancrés une trentaine de navires. Un peu avant huit heures, il vit du pont du «Roddam», l'épaisse colonne ardente s'échapper de la montagne et s'étendre au-dessus de la ville et du port, comme une vaste couronne, pendant que des cendres, des pierres ponces et des étincelles de feu tombaient du ciel. Il vit la mer en furie, les vagues énormes, les bateaux qui sombraient, l'atmosphère devenir irrespirable, imprégnée d'acide sulfureux, la pluie de boue qui recouvrait tout, les passagers et matelots tués par le nuage de feu ou précipités à la mer.

Un matelot tombé à la mer fut sauvé par miracle en s'agrippant à une bouée. Voici son témoignage: «Il y eut d'abord un bruit effrayant d'explosion, et aussitôt après, un cyclone de fumée et de feu. La fumée était si terrible et si «vénéneuse» qu'elle brûlait plus que le feu. Quand elle atteignit les gens, ceux-ci tombaient morts. Bientôt survint un nuage de feu encore plus grand que le nuage de fumée qui pourtant nous avait paru plus gros qu'une montagne. Ce feu a brûlé la ville tout entière. Près de moi je n'ai vu que des morts, mais sur la côte, j'ai vu des hommes et des femmes qui couraient ici et là parmi les flammes. Ils ne coururent pas longtemps, une épouvantable fumée vint et ils tombèrent comme des mouches. L'explosion de fumée et de feu, tout arriva et disparut en deux minutes ; mais la ville brûla pendant trois heures. »

Sur les 27 000 habitants qui se trouvaient à Saint-Pierre même, deux seulement survécurent.

Un témoignage unique

Il faut ajouter aux victimes habitant la ville, un certain nombre de personnes de Fort-de-France qui étaient venues à Saint-Pierre attirées par la curiosité, pour « voir l'éruption ». Les deux survivants de la catastrophe étaient deux Noirs. L'un se trouvait en prison et fut protégé par les épaisses murailles de son cachot, l'autre, un nègre de quarante ans, cordonnier de son état, se nommait Léon Compère-Léandre. Voici le récit hallucinant de ce quasi unique témoin.

« Le 8 mai, vers 8 heures du matin, j'étais assis sur le seuil de mon habitation qui se trouvait dans le sud-est de la ville sur le chemin qui mène de Saint-Pierre à Fort-de-France. Tout à coup j'entendis souffler un vent terrible, la terre se mit à trembler, le ciel s'obscurcit subitement. J'ai voulu rentrer chez moi ; je fis, avec la plus grande difficulté, les trois ou quatre pas qui me séparaient de ma chambre ; je sentais brûler mes bras et mes jambes, ainsi que la figure. Je me laissai tomber sous une table ; à ce moment, quatre personnes vinrent se réfugier dans ma chambre, criant et hurlant de douleur, sans que cependant leurs vêtements révèlent l'atteinte des flammes.

»Au bout de dix minutes, l'une, la petite Delavaud, âgée de dix ans environ, tomba morte; les autres sortirent. Je me relevai alors et entrai dans une chambre où je trouvai le père Delavaud étendu mort tout habillé sur le lit, il était violet et enflé, mais ses vêtements étaient intacts. Je voulus sortir; dans la cour, je heurtai deux cadavres enlacés; c'étaient les deux jeunes gens qui étaient dans ma chambre peu avant. Je rentrai dans la maison; dans une pièce, je trouvai deux cadavres, deux bonnes qui se trouvaient dans le jardin lorsque j'étais rentré chez moi au début de la catastrophe.

»Affolé, anéanti, je me laissai tomber sur mon lit, inerte, attendant la mort. Je ne revins à moi qu'au bout d'une heure et en voyant flamber la toiture. J'ai eu la force de me sauver en courant, les pieds en sang, couvert de brûlures, j'atteignis le Fonds-Saint-Denis, à 6 kilomètres de Saint-Pierre. Vers onze heures du matin, j'étais sauvé. Je puis affirmer que sauf les personnes dont j'ai parlé, je n'ai entendu crier personne, je n'ai pas senti de suffocation, ni que l'air me manqua, mais il était brûlant. Il n'y avait ni cendre, ni boue. Toute la ville flambait.»

«J'ai vu la guerre et les massacres, ce n'était que grains de sable à côté du sinistre actuel»

Ce précieux témoignage nous renseigne sur la nature de ce cataclysme. La population ne périt donc pas ensevelie sous les cendres et la boue, ni par les laves. La disparition de Saint-Pierre n'est pas imputable non plus à un gigantesque raz de marée, comme ce fut le cas pour les villes voisines du détroit de la Sonde, lors de l'éruption du Krakatau. C'est l'atmosphère rendue brûlante qui causa la mort de 30000 personnes, et cette mort fut subite. Léon Compère-Léandre est formel, il n'entendit aucun cri, d'ailleurs on le verra, l'attitude des corps retrouvés après la catastrophe ne dénote pas qu'il y eut de vrais mouvements de panique. Alors pourquoi ce témoin fut-il presque l'unique rescapé ? Mystère, mais on peut envisager une explication. Sa maison était située un peu à l'écart de la ville. Toutefois ses voisins périrent à ses côtés. Il dut peut-être de survivre au fait de s'être réfugié sous une table « épaisse » qui atténua le rayonnement du nuage mortel. L'autre nègre « épargné » était entouré dans sa cellule par des murs épais.

Les premiers à pénétrer dans la ville n'y virent aucune trace de sang. Un officier d'infanterie coloniale et ses soldats envoyés aussitôt après pour retirer les valeurs et l'argent de la Banque de Saint-Pierre, virent néanmoins un spectacle dépassant en horreur celui des champs de bataille. « J'ai vu la guerre et les massacres de Crète (1), s'écriait l'officier, ce n'était que grains de sable à côté du sinistre actuel. »

La plupart des cadavres avaient conservé leur aspect naturel, mais aussitôt touchés, la peau se détachait des corps ; dans une maison, on pouvait voir un homme assis à son bureau, sa fille appuyée sur son épaule et son jeune fils assis à ses pieds, la tête sur ses genoux ; sur le port, un douanier, comme pour échapper au feu du ciel, fut retrouvé caché sous un canot qu'il avait retourné pour s'y abriter.

1. *En 1896-1897, lors de la guerre entre les Turcs et les Grecs.*

Morts au confessional

Dans les rues, au milieu des ruines encore fumantes, les maisons lézardées laissaient apercevoir des familles entières figées dans la mort qu'elles avaient préféré affronter ensemble. Dans la rue principale conduisant à la Banque, les soldats cheminèrent entre des amoncellements de cadavres mutilés, carbonisés. D'une seule habitation on sortit 17 corps. Tous ces restes humains sont, selon les ordres, rassemblés sur un bûcher et arrosés de pétrole avant que l'on y mette le feu.

Dans une autre maison, deux jeunes femmes sont retrouvées dans leur lit, la mort les a frappées durant leur sommeil. Beaucoup de cadavres ont la tête et le ventre éclatés, les intestins à l'extérieur. A la cathédrale, un prêtre se trouvait dans son confessional, c'était le jeudi de l'Ascension, avec un enfant à chaque guichet, à l'autel, un autre prêtre la main levée, près de la table de communion, comme s'il s'apprêtait à donner l'hostie... Dans la rue de Longchamps, une scène étonnante devant la maison du docteur Gravier Sainte-Luce. Là se trouve une voiture attelée d'un cheval, le cocher et le docteur à la place où le cataclysme les avait frappés; le corps du cheval carbonisé s'était affaissé, le cocher tombé du siège, et le docteur, le pied encore levé pour monter sur le marchepied.

Mieux que tout autre fait, cette scène prouve que la mort a été presque instantanée car on n'imagine pas un cheval attendant paisiblement, attelé à une voiture; s'il avait pressenti le danger, il se serait enfui, emballé et serait allé mourir plus loin.

La trombe de feu

Ailleurs il semble qu'il y ait eu un commencement de panique. Devant un atelier, et de l'autre côté de la rue, un groupe de femmes pressées en un troupeau craintif semblent avoir eu juste le temps de quitter leur atelier et de traverser la rue. Mais presque toutes les victimes présentaient une particularité significative ; toutes avaient les mains sur la bouche, comme pour empêcher quelque vapeur méphitique d'y pénétrer. La plupart des blessés recueillis et qui provenaient tous des navires ancrés dans le port moururent, dans les jours qui suivirent la catastrophe. Ils dirent qu'au moment de l'explosion de la montagne, ils eurent la sensation d'avoir « avalé du feu », ils réclamaient sans cesse à boire et après de grandes souffrances et d'affreuses agonies moururent de leurs brûlures internes. Le feu ne se déclara dans la ville qu'après, mais l'asphyxie fut chez tous la cause de la mort.

Aux limites de la zone d'action de la trombe gazeuse, on remarquait une décroissance dans l'importance des dégâts. Les arbres avaient conservé leurs feuilles, même si celles-ci étaient roussies ; et les cadavres leurs habits. Dans une maison où l'on découvrit quatre victimes saisies par la mort dans leurs occupations quotidiennes, il y avait quatre animaux vivants, une chienne qui avait les tétines légèrement brûlées, un chien et deux chats qui furent recueillis par les soldats.

A Fort-de-France même, l'impact de la catastrophe se fit violemment sentir et provoqua une véritable panique parmi les habitants. Selon les témoignages, cette matinée de l'Ascension s'annonçait fort belle et le ciel était bleu et pur. Soudain vers huit heures, un nuage noir recouvrit la ville et au même moment, on entendit crépiter les toits des maisons comme si un orage de grêle s'abattait sur la ville, une pluie de cendres boueuses suivit. Ces phénomènes terrorisèrent les citadins qui, au milieu des bruits d'explosion, abandonnèrent leurs habitations pour fuir à l'intérieur des terres et sur les hauteurs, espérant échapper par là aux risques d'un tremblement de terre et au raz de marée qu'ils redoutaient.

Le gouverneur de la Martinique, Lhuerre, a décrit dans son rapport, la situation à Fort-de-France en cette journée tragique. Il y eut d'abord une énorme poussée de nuages blanchâtres roulant en volutes gigantesques venant de la direction de Saint-Pierre et au même instant les lignes du câble reliant Saint-Pierre au chef-lieu furent coupées alors que la mer s'élançait avec furie sur le rivage, puis, ajoute le gouverneur, « les nuages obscurcirent en quelques instants tout le ciel, une pluie de pierres, dont quelques-unes du poids de 20 grammes, s'abattit sur Fort-de-France, suivie d'une pluie de cendres qui dura jusque vers 11 heures. Le bateau « Girard », qui avait quitté le chef-lieu à 8 heures 1/4 après le raz de marée, pour se rendre à Saint-Pierre, continua sa route jusqu'à la hauteur de Case-Pilote, qui est exactement à mi-route, et là, arrêté par les pierres et la cendre qui tombaient en quantité considérable, rebroussa chemin pour entrer à Fort-de-France.

Tout le littoral brûlait

»Il repartit vers dix heures, après que la grande émotion causée à Fort-de-France par la pluie de pierres fut calmée et, après avoir dépassé la pointe du Carbet, aperçut la minoterie Blaisement et l'habitation Anse-Latouche en flammes. Quelques instants après, un spectacle terrifiant s'offrit aux yeux des passagers: au pied du volcan, entouré d'un nuage opaque de fumées et de cendres, tout le littoral était en feu sur une étendue de près de 5 kilomètres; les arbres et les maisons isolées de la campagne brûlaient également; une douzaine de bateaux sur rade de Saint-Pierre, dont deux steamers américains flambaient, encore à l'ancre. Le littoral paraissait désert; sur la mer rien ne surnageait que des épaves. La chaleur rayonnante dégagée par cet immense brasier empêcha le bateau d'avancer et il rentra à Fort-de-France à 1 heure de l'après-midi, rapportant la sinistre nouvelle.»

Il faut maintenant se demander quelle fut la nature de cette épouvantable catastrophe qui ruina entièrement une ville et causa la mort de 30000 personnes qui l'habitaient. Les autorités s'étaient posé la question. Ecoutons le gouverneur Lhuerre s'exprimer à ce sujet, trois jours après le drame. «En ce qui concerne les circonstances exactes dans lesquelles s'est produite la catastrophe, il serait difficile de les préciser. Il résulte des témoignages recueillis, tant des rares survivants que des personnes ayant assisté de loin au cataclysme, que vers huit heures du matin, à la suite sans doute d'une déchirure des flancs du volcan, une trombe de feu s'est abattue sur Saint-Pierre, causant la mort immédiate de toute la population, et incendiant simultanément toutes les maisons de la ville et tous les bateaux sur rade. L'opinion de tous ceux qui ont déjà visité les lieux est que pas un des habitants qui se trouvaient à Saint-Pierre, à l'heure de la catastrophe, n'a pu échapper à la mort. (En fait il y en eut deux qui échappèrent par miracle.) On évalue le nombre des victimes, rien que pour Saint-Pierre, à plus de 26000. Mais il faut ajouter à ce nombre des victimes les habitants qui ont succombé dans les environs, de sorte que le chiffre total des victimes peut être évalué, sans exagération, à une trentaine de mille. »

L'eau de la mer était brûlante

Quelque diverses qu'aient été les conséquences de l'éruption du 8 mai 1902, un fait s'impose au-dessus des autres, la mort instantanée par asphyxie de toutes les victimes qui se sont trouvées dans le rayon de l'explosion. Les témoignages des survivants, les ouvrages très complets consacrés à la catastrophe par un spécialiste, le professeur Lacroix, « La Montagne Pelée et ses éruptions » (1904) et « La Montagne Pelée après ses éruptions » (1908) sont formels à cet égard. C'est bien une « trombe de feu » selon l'expression du gouverneur de la Martinique, en réalité une masse de gaz s'épanchant par une éruption latérale dévalant sur la ville de Saint-Pierre à une vitesse folle, avec une température de plus de 800°, qui détruisit toute vie sur son passage. L'éruption de laves, l'incendie ne vinrent qu'après.

Ce ne sont donc pas les pluies de cendres ou les

laves qui ont anéanti Saint-Pierre, comme dans les autres éruptions, mais une nappe de gaz portée à une température extraordinaire. Les quelques marins qui se réfugièrent dans la mer ont rapporté que l'eau de la mer était brûlante, ce qui est un phénomène absolument exceptionnel. Le témoignage des victimes, les constatations des médecins vont dans le même sens ; les habitants furent brûlés et eurent la sensation de respirer du feu. Les diagnostics furent d'ailleurs semblables à ceux émis à propos des mineurs victimes d'une explosion de grisou.

Le désastre de la Martinique a été produit par une énorme accumulation de vapeur d'eau à l'intérieur du volcan ; elle s'est manifestée d'abord par l'ouverture de plusieurs cratères qui, sous l'effet de la pression, ont projeté des colonnes de fumée, des cendres et des pierres ponces jusqu'à une hauteur de 500 mètres. Des éruptions plus violentes, des tremblements du sol, des vapeurs sulfureuses leur succédèrent, tous ces phénomènes augmentèrent d'intensité dans les jours qui précédèrent la catastrophe. Des torrents de laves brûlantes dévalèrent les flancs de la montagne et firent les premières victimes ; jusque-là l'éruption présentait tous les symptômes classiques du genre, au point que les laves n'ayant pas touché Saint-Pierre, on crut le 7 mai que la ville serait épargnée et que les phénomènes volcaniques allaient maintenant diminuer d'intensité. On se préparait même à chanter dans la cathédrale un Te Deum d'action de grâces en ce jour de l'Ascension lorsque le « nuage de feu » opéra son œuvre de destruction.

D'un côté la vie, de l'autre le néant!

Malheureusement pour les 30000 victimes, la fatalité voulut que la crevasse qui s'ouvrit dans la montagne pour lancer la trombe de gaz destructrice se situait juste dans l'axe de la ville de Saint-Pierre et du port; tout ce qui se trouvait dans cette direction, hommes, habitations, végétation, bateaux, fut anéanti. Si la fissure s'était ouverte sur un autre versant, la nuée ardente aurait seulement causé la perte de quelques hameaux isolés et de leur habitants.

Les récits dramatiques des rares témoins confirment ces conclusions. L'un d'eux se trouvait dans les champs à quelque distance de la ville. Il fut frappé de terreur en sentant le sol trembler, puis il fut assourdi par une formidable explosion, aveuglé par un éclair gigantesque et il vit un nuage se précipiter avec une vitesse effrayante du sommet de la montagne sur la ville. Le conseiller général Fernand Clerc avait eu la prudence de quitter Saint-Pierre pour le Parnasse, une montagne située non loin du volcan mais à la limite du nuage asphyxiant. De la fenêtre de sa maison, il assista à l'éruption et vit distinctement, après deux détonations d'une grande violence, la montagne se scinder et par la fissure un immense jet de feu s'en échapper. Aussitôt, il s'enfuit avec sa famille mais il fut vite renversé par une effroyable tempête. Lorsqu'il se releva et regarda derrière lui, tout était anéanti. A une cinquantaine de mètres, il rencontra les premiers cadavres, plus rien n'existait, ni maisons, ni végétation; il n'y avait aucun bruit, un silence de mort régnait. Il s'était trouvé juste à la limite du rayon d'action de la trombe gazeuse. Deux mondes étaient juxtaposés comme séparés par une ligne droite, d'un côté la vie, de l'autre le néant!

La relation la plus détaillée, nous la devons au capitaine d'un navire, la « Gabrielle », qui fut sauvé par miracle. « A 7 heures 50, raconte Georges-Marie Sainte, un grondement formidable se fit entendre dans la montagne, comme si une déchirure monstrueuse s'y opérait de la cime au pied. Et alors, on vit au milieu d'une fumée noire, impénétrable à l'œil, une masse gigantesque informe, imprécise, qui vint s'abattre sur la vallée, avec une rapidité vertigineuse enfouissant dans les ruines; engloutissant dans sa tourmente Saint-Pierre tout entier, de Sainte-Philomène à la petite anse du Carbet. Sur mer, les deux tiers des navires en rade, après un craquement sinistre de toute leur charpente, eurent les mâts et les dunettes brisés, rasés, emportés, et coulèrent brusquement, les uns par la proue, les autres par la poupe. Seuls trois bateaux, dont deux à vapeur, le « Korona » et le « North America », purent résister au choc; mais de leur équipage carbonisé, il ne subsiste que quelques hommes qui furent sauvés par miracle ».

Georges-Marie Sainte ne dut la vie qu'à une immersion subite et forcée. L'eau ambiante était à ce point chaude qu'il eut, de même que les quatre autres survivants du navire, le corps affreusement échaudé. Après s'être débarrassé des agrès qui gênaient ses mouvements, il revint à la surface. Il put alors contempler dans toute son horreur, l'effrayant brasier qui s'étendait devant lui, dévorant les ruines de la ville déjà effondrée.

Alors qu'il cherchait une épave pour tenter de se

sauver, une pluie furieuse de lave incandescente, un mélange indescriptible de boue et de pierres s'abattit sur la ville incendiée et sur les environs, crépitant sur la mer comme des balles de mitraille. Dans une éclaircie il put contempler la montagne Pelée avec son sommet déchiqueté et ses flancs crevassés. Ce n'est que de longues heures après que le capitaine avec quelques matelots purent gagner une pirogue à la dérive avant d'être secourus par le premier navire qui aborda à Saint-Pierre après la catastrophe, le « Suchet ».

Des éclairs en forme de double Z

Le sénateur de la Martinique, Amédée Knight, se trouvait au Lorrain, un petit port de la côte orientale de l'île, à une quinzaine de kilomètres de Saint-Pierre. Lui aussi vit le terrible éclair « en forme de double Z », le panache de fumée noire, entendit les détonations « comme des coups de canon ». Il crut d'abord que c'était le village du Prêcheur qui avait été la victime. Rentré à Fort-de-France, il apprit que Saint-Pierre n'existait plus. Là habitaient son père et presque toute sa famille!... Il s'y rendit le lendemain. « Dans ces quartiers, dit-il, pas même des ruines! Imaginez cette chose folle : un marteau-pilon qui, couvrant une surface de vingt-cinq kilomètres carrés, et assez fort pour briser une ville, s'y serait abattu et y aurait brisé, aplati, pulvérisé les choses à ce point de perfection que la trace même en serait supprimée. Je ne veux citer qu'un exemple de ce que fut cette destruction. Après le cyclone de 1891, on décida de reconstruire le marché de Saint-Pierre, et on voulut le bâtir assez solide pour défier les pires aventures. On le bâtit tout en fonte, avec des piliers de plus de 30 centimètres d'épaisseur. Ce marché n'existe plus. Et non seulement il nous a été impossible de trouver la plus vague trace de cette construction en fer sur la surface de 2000 mètres carrés qu'elle couvrait, mais nulle part aucun vestige n'en a pu être aperçu. Nous avons regardé, cherché, à deux, trois, quatre kilomètres de là! Rien!»

Et pour bien faire comprendre ce «spectacle d'horreur qui ne ressemblait à rien», pour faire partager ce qu'eurent d'extraordinaires les conséquences de ce phénomène étrange de la montagne Pelée, il cite ce simple fait, plus éloquent que les plus dramatiques descriptions. «Le jour même du désastre, un voilier de Bordeaux, la «Marie-Hélène», arrivait devant la ville. Le capitaine, un vieux marin qui a fait le voyage de la Martinique toute sa vie, était sur le pont. Il regarde. Il ne comprend pas. Et tout d'un coup une peur folle le saisit. Il appelle un de ses matelots, lui montre la plage, demande: «Qu'est-ce que tu vois là?» L'homme regarde, épouvanté lui-même, ne sait que dire: «Je ne vois rien, capitaine.» Et où ce brave garçon, en effet, eût-il pu trouver des mots pour définir la chose qui était devant lui? Le capitaine répète: «Mais si, voyons... dis-moi ce que tu vois... ce qui est là... — Je ne sais pas, capitaine.» Alors le pauvre homme se prend la tête des deux mains, et on l'entendit crier: «Tonnerre de Dieu! je suis devenu fou!» Voilà ce que c'était que Saint-Pierre après la catastrophe: un spectacle tellement inouï, d'une horreur si invraisemblable, si éloignée de tout ce qu'un cerveau humain peut prévoir ou imaginer, que des hommes qui l'ont eu brusquement sous les yeux, avant de rien savoir, ont pu croire, en regardant ces choses, qu'ils étaient devenus fous.»

Les épouvantables cataclysmes dus aux éruptions volcaniques et dont les explosions du Krakatau et de la montagne Pelée comptent parmi les plus meurtrières, peuvent-ils être prévus par la science? Il y a un siècle déjà, Camille Flammarion, écrivait: «Ces cataclysmes jettent le deuil sur l'humanité entière. Le jour viendra peut-être où la Science, qui déjà en a découvert les causes, saura prévoir assez à temps ces convulsions du sol pour permettre d'éviter ces douloureux et irréparables sinistres. Jusqu'à présent, tout ce que l'on a écrit sur ces prévisions, notamment ce qui concerne les périodicités lunaires, me paraît entièrement douteux... Mais ce n'est pas une raison pour ne pas chercher.» Prophétiquement, il annonçait que cette dramatique catastrophe porterait son enseignement.

Gardiens de volcans

Rares en effet sont les éruptions qui ne s'annoncent pas à l'avance et parfois même durant un laps de temps assez considérable pour que certains signes précurseurs symptomatiques n'alertent pas les populations riveraines et les spécialistes. Il est certain que le désastre de la Martinique en 1902 a contribué à faire prendre conscience aux autorités gouvernementales et aux savants du danger de laisser sans surveillance des appareils volcaniques proches de zones à forte densité de population. Il est connu en effet que les terrains recouverts par les laves anciennes sont d'une extrême fertilité, et l'homme a remarqué depuis longtemps cette étonnante propriété. Il n'est que de citer en France la richesse agricole de la Limagne, plaine située dans la région des anciens « Puys » volcaniques pour en avoir une idée. Les abondantes récoltes obtenues sur ces sols expliquent que les habitants prennent ce risque, parfois considérable, quand il s'agit non plus de cratères éteints depuis des millénaires comme en Auvergne, mais des piémonts et des pentes de montagnes encore en activité: Vésuve, Etna, volcans du Nicaragua et du Honduras en Amérique centrale, du Japon, de Java, ou des Philippines dans l'Asie du Sud-Est.

A Saint-Pierre, il eut suffi d'un peu de bon sens pour évacuer la population tant les signes prémonitoires avaient été nombreux. Le réveil du volcan ne fut pas brutal, mais progressif, précédé d'explosions souterraines, de tremblements du sol, d'émissions de fumée, d'odeurs soufrées caractéristiques. Depuis, les progrès de la science volcanique permettent maintenant de prendre des mesures adéquates en temps utile. A Saint-Pierre même, un système de détection a été établi après une nouvelle éruption en 1929, heureusement de peu d'intensité. H. Ardansaux, qui l'avait étudiée, conseillait dans son ouvrage « L'éruption de la montagne Pelée en 1929 » de construire un observatoire sur le mont des Cadets, ce qui fut fait. De cette hauteur de 500 mètres, on domine parfaitement tout l'appareil éruptif du volcan.

Depuis, les constatations des vulcanologues ont délimité trois secteurs particulièrement vulnérables en cas d'une nouvelle poussée du feu interne;

elles comprennent les communes du Prêcheur, d'Ajoupa-Bouillon et de Saint-Pierre. Il a été recommandé de ne pas y permettre de nouvelles grandes concentrations de population.

Les signes prémonitoires

L'homme, qui s'était senti longtemps entièrement désarmé en face des catastrophes volcaniques, est parvenu depuis un demi-siècle à combattre son impuissance devant ces terribles forces de la nature en installant sur les points sensibles du globe de véritables sentinelles chargées de surveiller ces « soupiraux de l'enfer » comme on les appelait jadis. Le but évidemment n'est pas d'arrêter une éruption lorsqu'elle est en cours, ce qui est pour l'instant au-delà des forces humaines, mais de prévenir les maux qu'elle engendre, principalement en évacuant les personnes qui vivent à proximité. « Sans doute, écrit J. Orcel, il n'est pas possible d'empêcher ou de maîtriser une éruption, car les forces de la nature sont plus puissantes encore que l'homme, mais prédire une éruption est encore réalisable. » Le réveil des volcans, on l'a vu, est toujours précédé de certains phénomènes qui sont parfois extrêmement longs ; les plus importants sont les secousses sismiques qui ébranlent plus ou moins fortement le sous-sol et les bruits souterrains qui les accompagnent. Ils sont causés par la poussée du magma qui se fraie un chemin à travers l'écorce terrestre. Les modifications de la surface sont, elles aussi, des signes avant-coureurs ; tels les fissures s'ouvrant dans la montagne, l'aspect de l'intérieur du cratère, les craquements qui s'y font entendre, les éboulements du cône.

En même temps il est fréquent de voir s'y ajouter des émissions de plus en plus abondantes de fumerolles et de fumée, des odeurs désagréables de vapeurs soufrées, etc. Des sources peuvent aussi changer de direction, voire disparaître et également augmenter de température.

Si le sommet du volcan est élevé et recouvert de neige ou de glace, leur fonte est aussi un indice qui ne trompe pas.

Grâce aux progrès de la science

Grâce aux progrès de la science, au perfectionnement des appareils détecteurs des éruptions, l'homme est maintenant en mesure, la plupart du temps, d'avertir à temps les populations menacées. Les géophones, microphones placés au fond des cratères, enregistrent les rumeurs venues des profondeurs, très longtemps avant que l'oreille humaine puisse les déceler. Les séismographes de leur côté détectent les moindres vibrations dont s'accompagne la montée du magma. La conjugaison de ces diverses méthodes a généralement été couronnée de succès. En 1914, le Japon échappa de cette manière à une terrible catastrophe. Le volcan Sakura shima, situé dans une île de la baie de Kagoshima, en face de cette ville très peuplée avait donné dès 1909 des signes de son réveil qui avaient averti les habitants du danger qu'ils couraient.

Les séismographes de l'observatoire du volcan avaient décelé une recrudescence considérable de secousses, plus de quatre-vingt-dix contre une trentaine en moyenne au cours des années précédentes. Ces symptômes et quelques autres analysés par les spécialistes, le gouvernement avait pu procéder tranquillement avant l'éruption à l'évacuation de 25 000 habitants sur les 27 000 que comptait l'île. Les 2000 autres restant furent sauvés durant la phase éruptive par des navires et l'on eut à déplorer seulement une dizaine de victimes, sur l'île même de Sakura shima. Sans ces méthodes de prévention, sans la science des gardiens du volcan, l'éruption du Sakura shima aurait été aussi meurtrière que celle de la montagne Pelée, douze ans plus tôt.

À partir du 10 mai 1914, le sol fut agité de violentes trépidations ; le 12 au matin, une terrible explosion projetait à 10 kilomètres de hauteur un panache de fumée noire sillonné d'éclairs ; des pluies de cendres, de pierres ponces s'abattirent aux alentours et recouvrirent les villages de l'île sous deux mètres de scories. Des coulées de laves incandescentes d'une température supérieure à 1200° se ruèrent jusqu'à la mer. Sans les analyses préventives des vulcanologues et les mesures d'évacuation des autorités, toute la population aurait péri. Soulignons aussi que le jour même un tremblement de terre assez violent ébranla la ville proche de Kagoshima et fit 35 victimes, beaucoup plus que le volcan.

Catastrophe en Nouvelle-Guinée

Ceci prouve que les tremblements de terre sont bien plus difficilement prévisibles en l'état actuel des choses et que si l'homme est démuni de moyens d'action contre eux, il peut par contre réduire considérablement les maux causés par les éruptions volcaniques. Cette concordance entre le séisme de Kagoshima et l'explosion du Sakura shima montre également une étroite association qui a son origine dans les mouvements profonds de l'écorce terrestre et dans l'instabilité de la surface du globe.

Des exemples de réussite comme celle du Sakura shima sont donc fort nombreux et l'on n'a plus enregistré de catastrophes comparables à celle de la montagne Pelée.

Une des plus graves éruptions, celle du mont Lamington en Nouvelle-Guinée, qui a fait 4000 victimes en 1951, s'est produite dans un pays encore mal exploré, sans implantation européenne, et par conséquent scientifique, très importante. En outre le Lamington était un volcan considéré comme éteint et on n'avait même aucune souvenance de l'avoir vu en activité. Dans le « Bulletin de Volcanologie », G.A. Taylor a étudié les symptômes qui ont précédé la catastrophe. Ils ont duré seulement une quinzaine de jours et se sont manifestés par des fumées, des gaz, des projections de cendres et de pierres ponces. C'est la constitution d'un bouchon de lave très dur à l'intérieur de la cheminée qui, en accumulant dans les profondeurs une énorme pression, fit littéralement éclater le volcan le 21 janvier 1951, en ravageant à dix kilomètres à la ronde toute la périphérie et en tuant tous les habitants, 4000 environ, qui s'y trouvaient. On a retrouvé des bombes volcaniques et des roches jusqu'à 16 kilomètres du volcan. « Actuellement, disaient les dépêches des agences australiennes, toute la campagne autour du mont Lamington est couverte de laves atteignant par endroits une épaisseur de 3 mètres. Le pays, fertile il y a quelques jours, est transformé en désert, où l'on voit par endroits des arbres entièrement dépouillés de leurs feuilles ou arrachés du sol, toutes racines dehors. Dans leurs branches on voit des restes humains, les corps calcinés de ceux qui croyaient avoir une chance d'échapper à la mort en grimpant dans les arbres, où ils furent carbonisés par les nuages de cendres brûlantes qui s'abattirent sur tout le pays. De véritables cadavres ambulants, couverts de brûlures, tels que l'on ne peut plus distinguer s'il s'agit de Blancs ou de Papous, se traînant çà et là en proie au pire désespoir. »

Si ce pays avait été peuplé, les conséquences auraient été encore plus terribles, les réveils des volcans, depuis longtemps assoupis et considérés comme inactifs, sont les plus meurtriers, car on ne les redoute pas et ils ne font pas l'objet d'une surveillance particulière. Il n'en va pas de même aux îles Hawaï où les Américains ont installé dès la fin du XIXe siècle tout un réseau d'observation chargé de les étudier. En 1912, T.A. Jaggar, fondait sur les pentes du Kilauea, l'Observatoire des volcans hawaïens. Son successeur Macdonald, dans son ouvrage « Volcanoes of Hawaii National Park » a raconté cette aventure. Deux programmes ont pu être menés conjointement à bien. L'un concerne l'aspect scientifique proprement dit : étude de la nature et de la composition des magmas, de la structure interne du volcan, des causes des éruptions, etc. L'autre face a pour objet les mesures pratiques à prendre pour limiter les dégâts en vies humaines et en ressources agricoles, telles par exemple que les interventions de l'aviation pour bombarder les coulées de lave dans le but de les détourner des villages ou des zones cultivées.

Un bombardement humanitaire

Dans ces laboratoires scientifiques que sont les stations volcanologiques, les « gardiens », véritables techniciens, doivent quotidiennement observer les activités du volcan, surveiller les éruptions, analyser les laves et les gaz, en déterminer la température, rechercher les crevasses récentes, comparer le degré d'intensité des émissions de fumerolles et de fumées, mesurer grâce aux sismographes l'ampleur des trépidations du sol, etc. On a percé maintenant plusieurs énigmes du volcanisme et à Hawaï, la longue période d'étude a permis de localiser à 40 kilomètres sous la surface de la terre les prémices d'une éruption. Sachant par de nombreuses expériences la durée nécessaire au magma pour parvenir dans la cheminée du volcan, on peut ainsi prévoir avec une quasi-exactitude la date de la prochaine éruption.

C'est ce tour de force qui fut réalisé par T.A. Jaggar avec 18 mois d'avance. Dès le mois de mars 1934, il décelait des secousses sismiques à 45 kilomètres de profondeur sous le Mauna Loa, et prédisait que l'on assisterait avant deux ans à une éruption. Il assurait même que la lave se dirigerait vers le Nord-Est, en direction du port d'Hilo. Et c'est exactement ce qui arriva ; le volcan se réveilla en novembre 1935 et la coulée incandescente s'étendit comme prévu vers Hilo. Depuis plusieurs mois, tous les matériels désirables avaient été rassemblés en vue du jour J : des camions évacuèrent les habitants et surtout de nombreux avions militaires bombardèrent la coulée de lave qui menaçait Hilo. Celle-ci progressait dans une sorte de souterrain recouvert par des matériaux refroidis et durcis. En perçant cette carapace avec leurs bombes, les aviateurs permirent aux gaz de s'échapper et le fleuve de lave en fusion devint plus visqueux puis se solidifia et s'arrêta ainsi sans causer de dommages importants aux cultures et sans avoir atteint Hilo.

Maîtriser un des plus étranges phénomènes de l'univers

Cette expérience servit de précédent et lorsqu'en avril 1942, quelques mois après Pearl Harbor, le volcan voisin de Kailua se réveilla à son tour, on eut recours avec le même succès à des bombardements.

Ces exemples ont été imités un peu partout ; si tous les volcans en activité ne sont pas encore munis chacun d'un observatoire, un certain nombre, principalement en Italie, au Japon et en Indonésie, en ont été dotés. Chaque volcan a en effet un caractère propre différent des autres, une « personnalité » pourrait-on dire, qui fait que chaque mécanisme éruptif a des modalités, un rythme qui lui sont particuliers. C'est pourquoi on ne peut tirer de leçons générales à partir d'un seul type de volcan et l'appliquer aux autres, et l'idéal serait que chaque cône éruptif ait ses « gardiens ». L'Etna lui, est bien pourvu sous ce rapport, un organisme a été créé dans ce but, l'Institut Volcanologique de l'Université de Catane, perché au sommet de la montagne sicilienne, à 3000 mètres d'altitude. L'aviation militaire italienne participe aux recherches, photographie le cratère et peut, à l'instar de l'exemple hawaïen, bombarder les coulées de lave pour les détourner des régions habitées ou cultivées.

En Nouvelle-Zélande, pays volcanique par excellence, on a utilisé des hélicoptères pour déposer des appareils détecteurs volumineux et pesants jusque dans l'intérieur des cratères afin qu'ils puissent transmettre jusqu'à l'observatoire de la capitale, Wellington, les renseignements sur les phénomènes volcaniques qui s'y manifestent. Les Hollandais avaient jadis installé des stations similaires dans leurs colonies de Java et de Sumatra, une des régions les plus agitées et les plus instables du globe.

A Java, le Kelud eut un terrible réveil dans la nuit du 18 au 20 mai 1919, une explosion projeta hors du cratère toutes les eaux du lac qui s'y était formé. Mêlées aux scories, aux ponces, elles formèrent une cataracte boueuse qui dévala les flancs de la montagne et engloutit tout sur son passage, causant la mort de 6000 personnes. Pour empêcher une semblable catastrophe de se reproduire, les Hollandais percèrent un canal d'écoulement dans l'épaisseur de la montagne, chargé de drainer les eaux de pluie pour éviter qu'un nouveau lac se reforme dans la caldeira. D'autres volcans javanais font l'objet d'observations régulières, tels le Tjerimai, le Guntur, le Papandajan et le Semeru. Un des plus élevés, le Merapi, de 2900 mètres d'altitude, est aussi le plus dangereux et il émet très souvent des laves brûlantes qui se répandent en avalanches sur les contrées avoisinantes. Pour mieux le surveiller on a installé dans ses flancs mêmes, un observatoire d'où rayonnent de nombreuses galeries aboutissant à autant de «sorties de secours», pour faciliter la fuite des gardiens au cas d'un réveil intempestif du monstre.

Ainsi, grâce à la Science et à ses techniques, l'homme aujourd'hui est parvenu, non à supprimer les éruptions volcaniques, mais à réduire dans des proportions considérables les conséquences catastrophiques qu'elles provoquèrent trop souvent dans le passé. Sans pouvoir prétendre à expliquer toutes les énigmes posées par le volcanisme, il a réussi à mieux connaître et à mieux maîtriser un des plus étranges phénomènes de l'univers.

CHAPITRE CINQUIÈME

LA DÉRIVE DES CONTINENTS

En mai 1931 deux hommes, deux savants allemands, Sorge et Weiken retrouvaient sur un pic glacé de l'ouest du Groenland, à 2500 mètres d'altitude, la tombe d'un de leurs compatriotes, Alfred Wegener, disparu au cours d'une expédition scientifique, et l'un des plus grands génies de la géologie. Né à Berlin, le 1er novembre 1880, ce fils d'un pasteur protestant, élève de l'Université d'Heidelberg, étudia ensuite à Innsbruck et à Berlin. Cet étudiant en astronomie qui obtient le grade de Docteur, est également passionné par une science nouvelle, la météorologie.

Wegener qui est un imaginatif rêve d'explorer les solitudes du Grand Nord qui le fascinent et il décide de parcourir le Groenland. Pour se préparer à ce rude voyage, il se forge un corps d'athlète, entreprend de longues randonnées à pied, fait de l'alpinisme, skie et patine. La météorologie lui donne également l'occasion de battre quelques records, dont celui d'endurance aéronautique en enregistrant en 1906 le plus long temps de vol ininterrompu en ballon, soit 52 heures, pour observer les conditions climatiques dans les couches supérieures de l'atmosphère.

Un « amateur » révolutionne les sciences de la terre

Ses connaissances en ce domaine, son entraînement physique lui valent en 1906 d'être choisi pour accompagner une expédition danoise qui parcourt deux ans durant la partie nord-orientale du Groenland. De retour en Allemagne, il est nommé professeur de météorologie à l'Université de Marbourg, mais il ne pense qu'aux grandes étendues arctiques et en 1912 avec un compagnon, le Danois Johan Peter Koch, il bat un nouveau record en accomplissant la traversée du Groenland dans sa plus grande largeur. Cette randonnée sans précédent avait comporté un hivernage sur la calotte polaire et s'était soldée par de très importantes recherches astronomiques et météorologiques.

Après ce voyage épuisant, Wegener épousait en 1913 la fille du grand météorologue Koppen, qu'il remplacera plus tard à son poste de Directeur de l'Observatoire maritime de Hambourg, après s'être vu refuser la chaire d'astronomie de l'Université de Marbourg. Apparemment, cette carrière scientifique interrompue par la Première Guerre mondiale, qu'il fait avec le grade d'officier, semble avoir peu de rapports avec les sciences météorologiques, et pourtant, en 1918, Alfred Wegener est déjà l'auteur d'un ouvrage révolutionnaire qui va bouleverser tout ce que l'on croyait connaître de notre planète.

Wegener avait toujours été attiré par la géologie, mais dans cette discipline, il n'était qu'un « amateur », aux yeux des spécialistes car ses diplômes étaient ceux d'un astronome et d'un météorologue et non d'un géologue. Cette mesquine querelle de parchemins universitaires allait expliquer en partie l'hostilité qui se manifesterait bientôt contre ses thèses.

Comme d'autres avant lui, Alfred Wegener croyait que les continents n'avaient pas toujours occupé sur la surface de la Terre la place qui est actuellement la leur. Surtout il avait été frappé des similitudes existant entre le continent africain et l'Amérique du Sud, leurs contours paraissant devoir, si on les rapprochait, s'emboîter l'un dans l'autre à la façon d'un puzzle. Francis Bacon au début du XVIIe siècle avait déjà fait la même remarque mais sans suggérer la moindre explication. Le premier qui avait tenté d'émettre une hypothèse basée sur la notion de mobilité des continents, était un Français, le Père Placet, qui l'avait énoncée en 1668 dans un curieux traité intitulé « La corruption du grand et du petit monde, où il est montré qu'avant le Déluge, l'Amérique n'était point séparée des autres parties du monde ».

Les idées du bon Père n'étaient peut-être pas dénuées de toute préoccupation apologétique, dans le but de prouver surtout que les sauvages de l'Amérique avaient été en mesure de recevoir la révélation du vrai Dieu, sans avoir besoin d'attendre pour cela, l'arrivée de Christophe Colomb !...

Déjà l'Atlantide

Quoi qu'il en soit, il reste néanmoins que les cartographes et géographes ne pouvaient manquer, après la découverte du Nouveau Monde, d'être frappés par la complémentarité des contours de l'Amérique et de l'Afrique. On essaya de l'expliquer par une série de catastrophes, dues au déluge qui auraient englouti un continent intermédiaire dans lequel on voulut reconnaître la fameuse Atlantide de Platon. Il faut attendre le milieu du XIXe siècle pour voir un scientifique, Antonio Snider, en 1858, reprendre la théorie bien oubliée de Placet et évoquer la possibilité d'un déplacement des continents glissant à la surface du globe. Pour rendre compte de ce « glissement », Snider invoquait lui aussi... le déluge !

C'est Wegener qui allait renouveler la question et lui donner ses lettres de noblesse. Le 6 janvier 1912, lors du congrès annuel des géologues allemands réunis à Francfort, ceux-ci entendirent la communication du jeune savant sur la formation des continents.

Cet exposé parut la même année dans des revues géographiques et géologiques, mais le grand ouvrage fut publié en 1915 sous le titre « Die Entstehung der Kontinente und Ozeane » (La formation des continents et des océans). Selon lui, à l'époque du Carbonifère, il y a plus de 200 millions d'années, les continents ne formaient qu'un seul bloc, la Pangée, entourée d'un océan unique, la Panthalassa, puis, à partir du début de l'ère secondaire, cette Pangée se serait peu à peu fragmentée ; les divers continents que nous connaissons aujourd'hui s'écartant lentement les uns des autres pour prendre progressivement leur place actuelle.

Une vision grandiose

Voici comme l'on peut décrire en gros le film des événements en suivant le raisonnement de Wegener. Les premiers fragments à se détacher sont l'Antarctique qui se dirige au sud vers le Pôle et l'Australie. Le continent austral dérive d'abord vers l'Est et, en vertu des résistances rencontrées dans sa marche, il plisse ses chaînes orientales (Cordillère australienne) puis il bifurque vers le Nord, sème derrière lui la Nouvelle-Zélande et la Tasmanie, puis carambole les îles de la Sonde et pousse devant lui la Nouvelle-Guinée qui se plisse à son tour.

L'Inde pendant ce temps se dirige au Nord et bute contre le continent asiatique en y provoquant une compression d'où surgit le puissant massif de l'Himalaya ; l'Afrique, elle, se heurte à l'Europe et il s'ensuit le plissement des chaînes alpines. Madagascar se détache du continent africain. Les Amériques dérivent à leur tour vers l'Ouest et c'est le Sud qui entame le processus en abandonnant derrière lui les îles Malouines. Les Amériques dans leur marche à l'Ouest trouvent un obstacle majeur sur la bordure Pacifique et tout le continent, de l'Alaska à la Terre de Feu, se soulève sur sa lisière occidentale en un énorme massif continu, des montagnes Rocheuses à la cordillère des Andes.

Ces déplacements dans l'espace supposent l'existence à la fin du Tertiaire d'un immense ensemble continental situé dans l'hémisphère austral auquel les géologues ont donné le nom de Gondwana, qui est aujourdhui celui d'une province de l'Inde septentrionale. Le Gondwana était donc formé à l'origine de l'Antarctique, de l'Australie, de Madagascar, de l'Afrique et de l'Amérique du Sud. Cette théorie grandiose de la translation des continents n'était pas le fruit de l'imagination d'Alfred Wegener, elle reposait sur des bases solides et sur des constatations scientifiques irréfutables.

Comment conçut-il la première idée de la dérive des continents ? Certains pensent qu'elle lui vint dès 1906 lors de son premier voyage au Groenland en voyant un iceberg se détacher de son glacier, mais il semblerait plutôt, si l'on en croit son propre témoignage, qu'il soit tout simplement arrivé à cette conclusion en considérant sur une carte la complémentarité des contours de rivage de chaque côté de l'Atlantique. Il s'est lui-même expliqué à ce sujet. « La première idée des translations continentales, écrit-il, me vint à l'esprit dès l'année 1910. En regardant la carte du globe, je fus subitement frappé de la concordance des côtes de l'Atlantique, mais je ne m'y arrêtai point tout d'abord, parce que j'estimai de pareilles translations invraisemblables. En automne 1911, j'eus connaissance, par hasard, en lisant une collection de rapports scientifiques, de conclusions paléontologiques, inconnues jusqu'alors pour moi, admettant l'existence d'une ancienne liaison terrestre entre le Brésil et l'Afrique. Cela m'incita à faire un examen préalable et sommaire des résultats connexes au problème des translations tant en géologie qu'en paléontologie. »

Les points faibles de la « dérive »

Cette hypothèse des translations ou des dérives continentales présupposait avant tout que l'écorce terrestre soit beaucoup plus instable qu'on ne le croyait alors. Au début du XXe siècle, la théorie qui prévalait ne pouvait se concilier avec celle de Wegener. A cette époque, la géologie enseignait que les masses continentales s'étaient peu à peu solidifiées à partir du bloc en fusion initial. Ce refroidissement avait engendré des contractions, des plissements et parfois des effondrements comblés par les océans en même temps que d'autres régions émergeaient au-dessus des eaux. On admettait donc des mouvements verticaux, mais on rejetait comme dénués de tout fondement les déplacements horizontaux à la surface de l'écorce terrestre.

Ces croyances expliquent que les idées d'Alfred Wegener aient été plutôt mal accueillies par les spécialistes qui n'oubliaient pas que celui-ci n'avait aucun diplôme de géologie et que du point de vue universitaire, il n'était en ce domaine qu'un amateur.

Les géologues orthodoxes attaquèrent la «dérive des continents» sur le point le plus vulnérable des thèses de Wegener, c'est-à-dire sur la nature des forces susceptibles de déplacer les masses continentales. Selon lui les translations étaient la conséquence de marées de l'écorce terrestre qui faisaient «fuir» certaines terres vers les pôles, telle la dérive de l'Inde vers l'Asie. Compte tenu des connaissances de l'époque qui ignoraient la structure des fonds océaniques, les recherches en la matière reposaient sur l'idée que des blocs constitués de roches de plus faible densité «flottaient», et par conséquent pouvaient se déplacer sur des soubassements plus solides et de plus haute densité. C'est donc la plasticité de l'écorce terrestre qui était invoquée.

Les savants tels Harold Jeffrys, de l'Université de Cambridge, Epstein, R. Berner n'eurent aucune peine à démontrer que cette force translatrice était de faible valeur, incapable de modifier sensiblement l'écorce terrestre et encore moins de faire dériver des continents entiers. Il n'y avait là, disait-on ironiquement, qu'une force insignifiante « incapable même d'écraser une brique ».

Les tenants des anciennes théories étaient satisfaits ; les idées de Wegener étaient déconsidérées et la dérive des continents rangée dans la catégorie des théories farfelues. Certains pourtant n'étaient pas de cet avis. S'ils reconnaissaient volontiers les points faibles comme le mécanisme de la dérive, ils faisaient remarquer les arguments nombreux et impressionnants en sa faveur ; ils étaient de trois ordres : géologiques, paléontologiques et botaniques.

Martyr de la science

Or, dans les années qui suivirent la Première Guerre mondiale, les preuves vont s'accumuler grâce aux travaux des chercheurs, notamment à ceux du géologue sud-africain, Alex Du Toit, dont le livre paru en 1927 allait apporter une preuve scientifique irréfutable du bien-fondé des thèses wegenériennes. Cependant, il faudra attendre les années 60 et les remarquables découvertes océanographiques pour vaincre les dernières résistances, établir définitivement la dérive des continents et reconnaître en Alfred Wegener un géologue de génie.

Wegener n'eut pas le bonheur de voir ses thèses

acceptées unanimement par le monde savant. Après être resté six ans en poste à Hambourg, il vint à Graz, en Autriche, occuper la chaire de géophysique et de météorologie. Il y séjourna jusqu'en 1929, avec sa femme et ses trois enfants, puis, toujours possédé du démon de l'aventure, il résolut de retourner au Groenland pour mesurer l'épaisseur de la calotte glaciaire au moyen des méthodes séismiques. En réalité le but principal était de mieux déterminer l'importance de la dérive continentale et de rechercher les traces des anciens climats ; Wegener ne perdait pas de vue l'objectif essentiel de sa vie : étayer toujours plus solidement ses théories sur la formation des continents.

Avec un guide fidèle, l'Esquimau Rasmus Willemsen, il partit en reconnaissance sur l'inlandsis pendant l'été 1929, mais hélas ! nul ne devait le revoir vivant. Deux ans plus tard, ses collaborateurs devaient retrouver son corps enveloppé dans un sac de couchage, recouvert par ses deux skis en guise de croix. Le corps de Willemsen ne fut jamais retrouvé. On présume que, surpris par une tourmente de neige en novembre 1930, dans ces hautes solitudes glacées de l'Arctique, le savant aurait été victime d'une crise cardiaque. Son fidèle compagnon l'aurait inhumé, aurait pris ses notes, car aucune n'a été retrouvée sur son corps, et lui-même aurait péri un peu plus tard. Malgré les recherches entreprises, il ne reparut jamais et depuis le mystère demeure entier sur les derniers moments d'Alfred Wegener.

Le triomphe d'Alfred Wegener

La mort de ce martyr de la science ne désarma pas les critiques. Salué comme un grand météorologue, un astronome de valeur et un remarquable explorateur, ses idées sur la dérive des continents furent vivement contestées, ridiculisées même; taxé de rêveur, on lui reprochait d'avoir énoncé ses thèses sans aucune base scientifique sérieuse. Et pourtant, trois décennies plus tard, il obtiendrait sa revanche et depuis sa gloire posthume n'a cessé de briller au firmament de la science. Aujourd'hui, aucun géologue ne conteste plus la réalité de la dérive continentale, Alfred Wegener a triomphé. Pour que l'homme franchisse un pas capital dans la connaissance de l'histoire de sa planète, il aura fallu la double conjonction d'un précurseur de génie et des formidables progrès réalisés après la Deuxième Guerre mondiale dans l'exploration des océans, car c'est l'histoire de notre Terre qui est inscrite dans leurs abyssales profondeurs.

Toutefois, nous l'avons vu, dès le début Wegener fut suivi et approuvé par un certain nombre de savants, preuve que déjà ses idées reposaient sur des bases solides. L'argument primordial trouvait son origine dans l'examen attentif du continent de Gondwana. En effet, les géologues ne pouvaient pas ne pas être frappés des similitudes quasi mathématiques entre les parties, maintenant séparées par des milliers de kilomètres, similitudes géologiques, paléontologiques et botaniques. Les mêmes formations ont été retrouvées, à la fois aux Indes, à Madagascar, en Afrique du Sud, en Australie et en Amérique du Sud. Un exemple frappant est constitué par des sédiments anciens comprenant une flore à glossopteris, qui est une flore particulière à certains terrains houillers de la fin du Secondaire, et qui n'existe pas dans l'hémisphère nord.

Le mystérieux continent de Gondwana

Or, ces sédiments contenant la flore à glossopteris ont été retrouvés aux Indes, en Afrique du Sud (Basutoland, plateau du Karroo), à Madagascar (Sakor, Isalo, Sakamena), en Australie (Nouvelle-Galles du Sud) et au Brésil (Etats de Parana et de Santa-Catarina). Ces sédiments houillers avec flore à glossopteris, qui se retrouvent jusque dans l'archipel des îles Malouines, sont toujours associés à une faune particulière, reptilienne, caractérisée par la présence dans toutes ces formations d'un petit reptile fossile, le Mosasaure. Ces lézards pélagiques dotés d'une très forte mâchoire, avaient remplacé au Crétacé les Plésiosaures et les Ichtyosaures en déclin.

Dans toutes ces régions, on observe également l'importance des glaciers, qui ne sont nullement incompatibles avec la végétation houillère, laquelle dépend essentiellement de l'humidité du climat, plus que de la chaleur. Ces coïncidences étranges rencontrées aux Indes, en Australie, à Madagascar, en Afrique du Sud et en Amérique méridionale sont évidemment incompatibles avec la théorie suivant laquelle les continents sont restés fixes depuis la naissance de la Terre.

La présence de vestiges glaciaires considérables sous les latitudes équatoriales du Brésil ou sous le climat tropical de l'Australie ou des Indes ne peut s'expliquer sans recourir à la théorie de Wegener. Il en est de même des indications données par la flore et la faune. On ne voit pas comment des végétaux, des animaux seraient passés de l'Australie, en Afrique et en Amérique du Sud. Il fallait donc admettre qu'à un moment des temps géologiques, un même climat ait régné sur toute la moitié sud de la Terre et que ce climat ait été très froid. D'où, bien sûr, l'idée pour expliquer ce fait de supposer réunies en un même ensemble, ces diverses parties dans le bloc du Gondwana à une latitude très basse et voisine du pôle Sud. Cette masse continentale se serait scindée par la suite et aurait dérivé en blocs distincts avant de trouver leur place actuelle. Ce qui explique qu'aujourd'hui on trouve d'anciennes formations glaciaires sous l'équateur et une végétation identique dans toutes ces parties éloignées.

Elle explique aussi que l'on trouve dans le Pacifique des ensembles coralliens fossiles (îles de la Sonde) côte à côte avec des formations glaciaires (Australie) du même âge géologique. Les coraux ne peuvent se développer que dans les mers chaudes du globe et ne peuvent donc voisiner, à la même époque, avec des glaciers, ce qui est pourtant le cas dans l'exemple de l'Australie et de l'Insulinde. « Il n'y a donc pas, conclut le géologue Gignoux, d'autre solution que de faire intervenir des déplacements relatifs des masses continentales les unes par rapport aux autres », c'est-à-dire, d'adopter les thèses de Wegener.

Crocodiles et autruches témoignent

Depuis on peut dire que les preuves paléontologiques n'ont cessé de s'accumuler et il se passe peu d'années sans que les paléontologues n'apportent de l'eau au moulin de la dérive des continents. En 1969, des chercheurs découvraient dans l'Antarctique, dans les monts Alexandra, à 800 kilomètres seulement du pôle Sud, les fossiles d'un reptile du début du Secondaire, le Lystrosaurus. Or, cet animal a été retrouvé également en Australie, en Afrique du Sud et aux Indes. Le Lystrosaurus était un gros herbivore qui menait dans les zones marécageuses une vie semi-aquatique semblable à celle de nos hippopotames. Que ce pesant animal d'eau douce ait pu traverser des milliers de kilomètres d'océan pour se rendre du pôle Sud aux Indes est évidemment impossible et démontre que ces continents étaient jadis reliés les uns aux autres.

Plus récemment, des paléontologues français mettaient au jour au Niger tout un gisement de crocodiles fossiles d'espèces bien particulières qui ont été signalés également à Madagascar, au Brésil et en Argentine. C'est grâce à ces dernières données que l'on peut dater avec une certaine précision le «décrochage» entre l'Afrique, Madagascar et l'Amérique du Sud, c'est-à-dire dès le début du Crétacé (il y a environ 150 millions d'années), car ensuite les faunes ont évolué en vase clos, indépendamment les unes des autres. Ici encore les données de la paléontologie des vertébrés recoupent celles des autres sciences (paléobotanique, géophysique, géologique) qui indiquent l'éclatement du grand continent originel de la Pangée.

Un autre argument zoologique frappant en faveur du Gondwana est la répartition des grands oiseaux coureurs (Ratites): autruche d'Afrique, Aepyornis (disparu depuis peu) de Madagascar. Casoar et émeu d'Australie, nandou de l'Argentine qui sont tous d'origine gondwane et qu'on ne rencontre nulle part ailleurs.

Pour expliquer ces troublantes ressemblances, les partisans de la fixité des continents invoquaient jadis la présence de ponts intercontinentaux, qui permettaient aux biologistes de rendre compte de la présence des mêmes animaux sur des continents différents. Jusqu'au milieu du XXe siècle on parlait de l'Archatlantis qui unissait entre eux l'Amérique du Nord, le Groenland et l'Angleterre; l'Archhélénis (l'Atlantide des Anciens) reliait le Brésil à l'Afrique occidentale; la Lémurie représentait la liaison entre l'Afrique et l'Inde via Madagascar expliquant par la même occasion, la présence des mêmes animaux (Loris), des Lémuriens, sur ces trois parties du monde. Pour faire bonne mesure, on avait même imaginé un pont méso-pacifique entre l'Australie et l'Amérique du Sud, et un pont nord-pacifique allant de la Chine au Mexique!

Des ponts qui manquent de solidité

Cette théorie des ponts continentaux n'a plus qu'un intérêt historique, mais elle démontre combien elle était nécessaire aux savants pour expliquer logiquement la localisation actuelle sur le globe des flores et des faunes, les mêmes genres, les mêmes espèces se rencontrant en des points fort éloignés les uns des autres et souvent séparés par des mers et des océans. Il fallait bien trouver une solution car la formation d'espèces semblables apparaissant simultanément et en des points différents de la Terre (hypothèse de l'hologenèse) n'a été sérieusement soutenue par personne.

Les zoologues contemporains se sont tous ralliés aux idées de Wegener. Dans la préface de son livre «La Genèse des Faunes terrestres», paru en 1942 R. Jeannel écrivait: «Comme tant d'autres, j'ai tout d'abord cherché à expliquer la dispersion des lignées sur le globe à l'aide des ponts continentaux jetés sur les océans les plus profonds. J'ai défendu avec ardeur des hypothèses comme celle du pont transatlantique éocène de Scharff. Mais que de difficultés demeuraient cachées sous ces hypothèses hardies! La doctrine de Wegener, comme je m'efforcerai de le démontrer peut aplanir bien des obstacles.»

A l'appui de ces dires, Jeannel donnait comme exemple la présence d'une même variété de scarabées en Insulinde, à Madagascar, au Mozambique et en Amérique du Sud. Sans l'existence d'un continent unique à l'origine, comment expliquer qu'un si petit insecte ait pu traverser l'immensité de l'océan Pacifique, à moins bien sûr de croire en l'existence de ces «ponts providentiels» pour sortir les savants d'embarras! Un autre cas est encore plus étonnant, c'est celui d'un petit insecte (Trichoniscidae) vivant dans les cavernes, qui n'a été repéré qu'en deux endroits précis, dans une grotte de l'Espagne et dans une caverne du Mexique. Cet exemple prend tout son relief lorsqu'on sait que ces animaux cavernicoles sont d'une grande fragilité et qu'ils n'ont subsisté que protégés par le milieu souterrain où ils se sont réfugiés depuis fort longtemps. Seule la dérive des continents peut expliquer la présence en des points si éloignés du globe, de cette faune résiduelle, véritable relique vivante.

«Nous en revenons nécessairement aux thèses de Wegener»

Des problèmes identiques se sont posés aux paléobotanistes qui étudient les flores anciennes. Pour étudier la répartition des végétaux dans le monde, les savants ont utilisé aussi bien les flores actuelles que les flores fossiles sans oublier les pollens, un domaine nouveau mais très prometteur. Cette question a été envisagée plus particulièrement dans un ouvrage d'A. Aubréville, un essai sur la distribution et l'histoire des plantes tropicales dans le monde (1969). Ses conclusions pour la flore sont parallèles à celles émises par les géologues en ce qui concerne la dérive des continents. «Les profondes ressemblances évidentes qui subsistent entre les flores américaines, africaines, asiatiques, océaniennes, à des latitudes comparables sont à mon avis, inexplicables si à l'origine on n'admet pas qu'elles furent réunies physiquement. Les migrations par transports passifs, d'un continent à un autre, qui se sont produites dans le cours des temps géologiques, sont peu importantes en regard de l'unité fondamentale d'origine qui est le fait essentiel. Les coupures continentales, les changements climatiques ont pu favoriser la diversité, mais initialement, nous ne pouvons concevoir que dans chaque bande écologique, il n'y eut un mélange des mêmes unités primitives. D'une façon précise nous ne pouvons comprendre cette unité fondamentale floristique qu'à l'intérieur d'une même masse continentale, d'un unique continent primitif, sinon compact, du moins modérément découpé, c'est-à-dire que nous en revenons nécessairement au thème wegenérien. On ne peut y échapper. » La valeur de la démonstration d'Aubréville est encore renforcée lorsqu'on sait que ses affirmations ne résultent que de l'observation des grands végétaux (arbres) et non des herbes ou des plantes.

Il existe une véritable « internationale » des végétaux et l'on rencontre le mûrier aussi bien en Europe, qu'en Asie et en Amérique ; il en va de même des acacias, des myrtes, des oliviers, etc. A l'ère secondaire, les araucarias étaient en pleine expansion et on les trouve encore aujourd'hui en Insulinde, en Australie, en Nouvelle-Zélande et en Amérique du Sud. Le cas d'une ombellifère (azorella) est significatif, on ne la trouve plus qu'en Terre de Feu et dans trois archipels de l'océan Indien : Crozet, Kerguelen et Macquarie, mais des plantes de la même espèce sont répandues dans la cordillère des Andes, en Australie, en Tasmanie, et en Nouvelle-Zélande. Cette répartition prouverait à elle seule l'existence d'un grand continent austral dont la flore se serait ensuite différenciée après la scission de ses différents blocs.

Du raisin au Spitzberg

Les données de la paléontologie et de la paléobotanique militent donc en faveur de la mobilité des continents. Comment expliquer autrement la présence d'une flore fossile, comprenant des magnolias, des vignes, des tilleuls et des peupliers, retrouvée au Spitzberg, ou d'araucarias dans l'Antarctique ?

La géologie ne plaide pas moins en faveur de la dérive des continents et c'est même cette discipline qui a étayé d'une manière irréfutable les théories de Wegener. Si les contours des côtes d'Afrique et d'Amérique paraissaient bien s'imbriquer l'une dans l'autre, encore fallait-il retrouver de part et d'autre, les mêmes corrélations géologiques. La complémentarité des côtes et leur juxtaposition ont été réalisées en 1929 par un professeur de l'Université de Rio de Janeiro, Betim Paes Laeme, qui a obtenu par photographie, une correspondance parfaite entre deux points précis, le cap Frio au Brésil et la baie de Kilamba, en Angola. Mais la correspondance la plus satisfaisante est réalisée lorsqu'on ajuste non plus la côte actuelle, mais le rebord du plateau continental, le vrai socle de l'Afrique et de l'Amérique, qui se trouve à environ 200 mètres sous les eaux de l'Atlantique.

Après ces coïncidences morphologiques, les raccords d'ordre géologique sont encore plus frappants. Déjà Wegener avait établi qu'une chaîne montagneuse située en Afrique occidentale plongeait ses racines dans la mer mais qu'au point correspondant américain, quelque 4000 kilomètres plus loin, le même massif se prolongeait de l'autre côté de l'océan ; mais il y a encore plus extraordinaire, puisque l'on a retrouvé en Argentine les laves éjectées voilà des centaines de millions d'années par un volcan, maintenant éteint, dont le cône se trouve toujours sur la côte d'Afrique. Ces témoignages probants, irréfutables, ne paraissent pas avoir ébranlé, après la Première Guerre mondiale, les tenants de la fixité des continents. Un coup décisif allait pourtant leur être porté en 1927.

Le cas curieux des îles Malouines

Cette année-là, le géologue sud-africain Alex L. Du Toit publiait à l'Institut Carnegie, de Washington, un mémoire intitulé « A geological comparison of South America with South Africa » qui, pour la première fois, confirmait scientifiquement les idées du génial précurseur que fut Alfred Wegener.

Avec une minutie exemplaire, une rigueur scientifique absolue, Du Toit retrouvait de chaque côté de l'Atlantique Sud les mêmes formations géologiques, les mêmes infrastructures avec une précision quasi mathématique. On remarquait, par exemple, que les terrains dévoniens de l'ère primaire (–313 à –255 millions d'années) du Ghana se prolongent en Amazonie, alors que ceux du Cap se retrouvent dans la région de Bahia Blanca. Certaines roches gréseuses particulières à la montagne de la Table, près du Cap, ont leurs homologues dotés des mêmes caractéristiques au Parana (Furnas) et à Carmen, en Uruguay. Un cas curieux, c'est celui des îles Malouines, proches de la pointe sud-américaine, mais identiques géologiquement aux formations de la région du cap de Bonne-Espérance. Ce fait capital, la complète identité entre la géologie des deux rives de l'Atlantique démontrée par Du Toit, allait revêtir une importance considérable. Désormais, les chercheurs allaient étudier dans ce sens les autres continents mis en cause par les translations continentales de Wegener. Les émules de Du Toit qui ont repris son travail et qui l'ont parachevé dans tous ses détails, n'ont pas publié moins de 400 mémoires depuis un demi-siècle et qui tous aboutissent aux mêmes conclusions !

Les plus éminents géologues ont apporté de nos jours des précisions nouvelles allant dans le sens de la dérive ; c'est le cas en 1969, de l'Allemand R. Moack, professeur à l'Université de Curitilia, au Brésil, de H. Martin qui proclamait en 1961 : « Il n'y a pas le moindre doute que du Silurien au Crétacé chaque correction apportée aux travaux de Du Toit a accru les similitudes. Les séries stratigraphiques lithologiques pour cette période d'environ 200 millions d'années sont pratiquement identiques. Je ne pense pas que pour une durée aussi importante, une similitude comparable entre des parties de deux continents puisse être trouvée. » H. Martin faisait également cette étonnante constatation qu'il ne serait sans doute pas possible de trouver une similitude aussi parfaite sur un seul continent que celle établie pour des terrains séparés par une distance de près de 4000 kilomètres d'océan !

Les mêmes relations ont été observées depuis pour les autres continents. Entre l'Europe et l'Afrique occidentale et l'Amérique du Nord, les ressemblances ne sont pas moins évidentes qu'entre l'Afrique du Sud et le continent sud-américain. Les faces atlantiques du Groenland et de la Scandinavie coïncident exactement dans la chaîne calédonienne d'Europe et d'Amérique du Nord. Les plissements montagneux des Appalaches sont parallèles à ceux de Mauritanie et du Sahara espagnol, on relève d'autres similitudes entre le Labrador, le Groenland et l'Ecosse. La géologie des territoires africain, asiatique et australien fournit des indices comparables. Les liaisons entre Madagascar et la péninsule indienne sont particulièrement nettes et Ceylan présente les mêmes analogies pétrographiques (graphite cristallin), que le Sud de Madagascar.

Dans ces deux îles, on trouve un minéral rare, la thorianite (oxyde de thorium), qui sert d'ailleurs à la mesure du temps géologique. Après la paléontologie, la paléobotanique, l'étude morphologique des côtes, la géologie plaide en faveur de la dérive des continents. Il ne faut pas chercher plus loin pour comprendre que, dès l'origine, bon nombre de géologues partagèrent les thèses de Wegener.

Le mystère des fonds océaniques

Et cependant, jusque vers 1960, la science officielle émit les plus sérieuses réserves quant aux translations continentales chères à Alfred Wegener. Ces réticences sont la conséquence de la plus grande lacune du dossier de la dérive: l'absence d'une explication rationnelle pour ce qui concerne la force profonde qui faisait se mouvoir les continents. Pour prendre une image quelque peu triviale, au milieu du siècle la dérive des continents était comparable à une belle voiture qui n'aurait pas eu de moteur pour la faire avancer. La recherche de cette force motrice capable de déplacer horizontalement les énormes blocs continentaux à la surface du globe n'était pas encore découverte. Un savant,

H. Martin, avait pressenti la vérité et il disait volontiers que la preuve absolue ne pouvait être trouvée « que dans les profondeurs de l'Atlantique ».

Après la dernière guerre, la connaissance des océans était encore assez superficielle. Depuis l'Antiquité, la conquête des fonds marins avait néanmoins constitué une belle page de l'aventure humaine.

Depuis les âges les plus reculés, l'homme a essayé de pénétrer dans la mer ; ce fut d'abord le plongeur nu. Le scaphandre à casque ne fut inventé que dans la première moitié du XIXe siècle (1819-1837). Le scaphandrier autonome, dit de Rouquayrol-Denayrouze, du nom de ses créateurs, naît de 1855 à 1860, puis est abandonné pour longtemps. Ces deux modèles se perfectionnèrent par la suite, le scaphandre à casque permit de travailler jusqu'à 60, 70 mètres et le scaphandre autonome de descendre, pour les plus entraînés, jusqu'à 90 mètres. Actuellement, les bathyscaphes pour les grandes profondeurs, les soucoupes pour les moyennes et les plongeurs autonomes pour les petites sont les moyens de pénétration les plus courants ; à partir de 1947, ils ont ouvert une ère nouvelle dans cette exploration.

Le plongeur dispose d'un matériel approprié ; engins de propulsion, appareils photo et caméras étanches. Il a rendu de grands services à la science. En biologie, il a permis l'étude de la vie marine : plancton, poissons, coraux, algues. En géologie, le plongeur a dressé des cartes géologiques (pour les petits fonds) et prélevé des sédiments. En outre il surveille et vérifie le comportement des bennes, des dragues et des carottiers. En océanographie, sa part est loin d'être négligeable ; il contrôle tous les appareils marins, étudie les marées en posant et vérifiant les marégraphes, mesure les courants, relève les températures de la mer à différents niveaux, etc. sa participation aux recherches archéologiques est bien connue, soit pour la récupération des œuvres d'art, des poteries ou pour l'étude du commerce des navires de l'Antiquité. Dans le domaine industriel ou pour la recherche militaire, l'apport des plongeurs n'est pas moins important, qu'il s'agisse de réparer les navires, les ouvrages d'art ou de prospecter les pétroles sous-marins. En cas de guerre, la pose des mines, les actions de sabotage ou de déminage ou bien les opérations de sauvetage des sous-mariniers leur incombent également.

Le vieux rêve de Jules Verne devient réalité

Pour l'exploration des grands fonds, on a eu recours d'abord à des engins captifs, scaphandres rigides, tourelles et surtout le batysphère américain de Beebe qui, en 1934, parvint à plus de 900 mètres et démontra l'abondance de la vie à ces profondeurs. En 1949, Ohis Barton, un disciple de Beebe, parvint à bord de son benthoscope à 1370 mètres. Mais ces engins étant reliés aux navires étaient peu utiles pour l'exploration des grandes profondeurs. On s'orienta alors vers des engins libres du type bathyscaphe ou soucoupe sous-marine, réalisant ainsi le vieux rêve de Jules Verne et de son « Nautilus ». Le commandant Cousteau avec sa soucoupe sous-marine explore les fonds moyens mais dès 1953, avec son « Trieste », le professeur Piccard descend à 3150 mètres. Le 15 février 1954, Houat et Willm avec leur F.N.R. 33, battent un nouveau record et parviennent à 4050 mètres de profondeur.

Jusqu'alors, l'homme n'avait qu'une idée très imparfaite de la géographie des fonds océaniques qui restaient enveloppés de mystère et pourtant notre planète est recouverte, pour 71 %, par les eaux marines. Leur exploration ne fut entreprise systématiquement qu'à partir de la Deuxième Guerre mondiale. Le repérage des sous-marins par la technique du sonar, en localisant les objets grâce à un système d'ondes ou d'ultra-sons, avait fait avancer les recherches, aussi après la guerre on a appliqué ces méthodes pour dresser une carte géographique de tous les fonds océaniques. Auparavant, on procédait par sondage : un câble en fil d'acier permettait d'atteindre les plus grandes profondeurs. Mais le procédé était très lent et une seule mesure demandait parfois plusieurs heures de travail.

Le premier navire à effectuer ce genre de recherche fut un bâtiment anglais, le « Challenger » qui prospecta les océans durant quatre ans, de 1872 à 1876 et rapporta une ample moisson. D'autres navires continuèrent la tâche : « Albatros », « Galathée », « Météor », « Valdivia », « Beagle II », etc. Au début du siècle, on possédait seulement 7000 sondages profonds, chiffre insuffisant vu l'immensité des surfaces à explorer. C'est seulement à partir de 1920 que l'on put commencer à découvrir les mystères des fonds océaniques par un procédé facile et rapide, le sondage acoustique. Il suffit de provoquer une explosion et d'attendre que le fond réfléchisse les ondes sonores émises. Connaissant leur vitesse de propagation, il suffit de mesurer le laps de temps écoulé entre l'explosion et leur retour à la surface. Aujourd'hui, il n'est plus utile de recourir aux explosions, on obtient le même résultat en établissant sous la surface de la mer, un fort courant électrique.

L'histoire de notre planète était inscrite au fond des océans

Grâce à ces divers sondages, l'homme découvrit avec étonnement la géographie du fond des mers. Dès 1927, un navire allemand, l'« Emden » repérait près des Philippines, une profondeur de 10 400 mètres, en 1951, les Britanniques de « Challenger II » relevaient un fond proche des îles Mariannes de 10 863 mètres. Jusqu'à ce jour le record établi est de 11 034 mètres, profondeur constatée en 1958 par le navire russe « Vitiaz » entre les îles américaines de Yap et de Guam. Ces profondeurs stupéfièrent les savants, mais la configuration des fonds marins les surprit encore plus. On avait imaginé un socle maritime assez uniforme et les sondages révélaient au contraire une géographie aussi tourmentée que celle des surfaces émergées. On localisa des chaînes de montagnes, des bassins, des vallées, des fosses très profondes et des plaines paisibles.

Peu à peu se fit jour que l'histoire de notre planète, celle de sa formation, était peut-être bien inscrite au fond des océans. Les techniques se perfectionnant, on ne se contenta plus d'effectuer de simples mesures, mais on put déterminer la nature et l'épaisseur des sédiments déposés au fond des mers et la composition des roches qui forment le substrat des océans. Après la guerre, la géologie bénéficia des recherches entreprises à des fins militaires ou industrielles (prospection des gisements de pétrole sous-marins) et il fallut bien réviser, devant l'ampleur des découvertes, toutes les idées acquises jusque-là, quant à l'évolution de notre planète.

On put alors déterminer les diverses structures des grands bassins océaniques. Près des côtes, il existe généralement un plateau continental peu profond qui est le prolongement du socle continental, ensuite il plonge vers les bassins ou cuvettes sous-marins par une pente assez vive, le talus continental. Le paysage sous-marin se complète par des fosses très profondes et par des chaînes de montagnes ou dorsales. Les fosses se situent entre 6000 et 11 000 mètres, elles existent principalement dans le Pacifique où l'on en a dénombré 20, dans l'Atlantique (3) et dans l'océan Indien (1). Ces zones souvent assez proches du plateau continental sont le théâtre de fréquents tremblements de terre sous-marins. Les vastes plaines sous-marines divisées en cuvettes ou bassins, et dont on a relevé une soixantaine, se répartissent entre 1000 et 6000 mètres de profondeur avec une moyenne oscillant entre 1000 et 2000 mètres.

Une chaîne de montagnes de 70 000 kilomètres !

Mais les étonnements et les enseignements les plus grands furent fournis sans contredit, par les grandes chaînes montagneuses et d'abord par la grande dorsale existante au milieu de l'océan Atlantique. On connaissait depuis une cinquantaine d'années la présence de cette chaîne dans l'Atlantique, mais ce qu'on découvrit à partir des années soixante stupéfia les géologues. On s'aperçut en effet que la grande dorsale médio-atlantique, non seulement avait l'étendue de l'océan même, de l'Islande à l'Afrique du Sud, mais qu'elle se prolongeait en direction du Pacifique via l'océan Indien, au point d'atteindre 70000 kilomètres de long, et d'encercler toute la Terre!

C'était là que résidait la clef du mystère et la preuve de la justesse des théories de Wegener sur la dérive des continents.

Ces dorsales médio-océaniques furent étudiées de près. Présentes à peu près partout, elles sont parfois plus hautes que les Alpes et s'étendent sur une largeur d'environ 2000 kilomètres. Ces dorsales présentent un caractère particulier, elles sont creusées en leur centre par une profonde vallée, une sorte de fossé, profond parfois de 2000 mètres, compris entre deux bourrelets, et dans cette vallée médiane l'eau est plus chaude qu'elle ne l'est normalement à cette profondeur. Les géologues constatèrent également que les matériaux de la dorsale étaient essentiellement d'origine volcanique.

La chaleur de l'eau s'expliquait en même temps; on se trouvait là devant une zone de fracture par où le magma en fusion à l'intérieur de la Terre était proche et provoquait à intervalles réguliers, des épanchements jaillis des fonds océaniques qui s'écoulaient par les fissures de la dorsale. Ces matériaux repoussaient par la même occasion les continents en agrandissant les bassins océaniques. On venait de découvrir le « moteur » de la dérive continentale. On put même calculer que cet écartement était de 2 à 20 centimètres par an.

En 15 ans, la connaissance de notre planète avait plus progressé que durant les 20 derniers siècles, grâce aux vues géniales d'Alfred Wegener et aux techniques récentes d'exploration sous-marine.

La position de ces grandes dorsales délimite en quelque sorte les grands ensembles continentaux ayant dérivé depuis le Crétacé. La dorsale médio-atlantique débute au sud de l'Islande, passe à mi-chemin entre l'Irlande et Terre-Neuve, se prolonge entre l'Afrique et l'Amérique du Nord, puis, après l'Equateur, s'infléchit au sud-ouest, passe par l'île de l'Ascension et rencontre dans l'océan Indien une autre dorsale qui relie entre elles les îles du Prince-Edouard, Crozet, Kerguelen, Saint-Paul et Amsterdam. De là elle bifurque vers le nord et aboutit au golfe d'Aden en passant par l'île Rodriguez et en contournant la corne orientale de l'Afrique.

Cette dernière branche se ramifie, à mi-distance entre les îles Amsterdam et Rodriguez, en une autre dorsale qui se dirige vers l'est, passe au sud de l'Australie et de la Nouvelle-Zélande et vient mourir au nord de l'île de Pâques où elle joint la dorsale des îles Félix et Juan Fernandez parallèle aux côtes chiliennes.

D'autres dorsales existent dans l'océan Indien et le Pacifique, telle celle des Seychelles et de l'île Maurice, de moindre importance.

La tectonique des plaques

L'existence de ces grandes plaques continentales reconnue grâce aux explorations des fonds marins, qui permirent de mieux comprendre la nature de l'écorce terrestre, allait donner naissance à une nouvelle théorie, celle de la tectonique des plaques qui complète les hypothèses d'Alfred Wegener. Aujourd'hui, la plupart des savants admettent que l'écorce de la planète est constituée par une dizaine de grandes plaques ou boucliers rigides formés de roches cristallines qui flotteraient sur un substat moins dur, entraînant avec eux des continents entiers. On distingue les plaques nord-américaine, sud-américaine, africaine, antarctique, eurasiatique, malgache, est-africaine, indienne et australienne.

Dès maintenant les spécialistes prévoient pour les futurs millénaires, une dérive de la plaque australienne (Australie et Nouvelle-Guinée) vers le nord-ouest, à la hauteur du sud-est asiatique, un déplacement de la plaque sud-américaine vers l'ouest et un agrandissement de l'Atlantique sud, la séparation de la plaque est-africaine (Tanzanie, Kenya, Somalie, Ethiopie) qui se détachera du continent africain et deviendra une île comme Madagascar, la Californie de son côté se décrochant de l'Amérique pour devenir une île.

Les hommes depuis une dizaine d'années explorent à un rythme accéléré les profondeurs océaniques. Les Américains avec leur laboratoire Lamont de l'Université de Columbia, les programmes J.O.I.D.E.S. (Joint Oceanographic Institutions Deep Earth Sampling) entre 1968 et 1973, l'expédition F.A.M.O.U.S. (French American Mid-Ocean

Undersea Survey) à laquelle la France fut étroitement associée par l'intermédiaire du C.N.E.X.O. (Centre National pour l'Exploration des Océans), les Japonais et les Britanniques, ont renouvelé entièrement les vieux concepts sur la formation de la Terre.

On parle aujourd'hui de plus en plus de la tectonique des plaques, de dérive continentale, et les anciennes idées de Wegener sont remises à l'honneur, confirmées et précisées. Les forages profonds, les calculs sismiques ont permis d'établir que la croûte terrestre est formée de trois couches superposées qui deviennent de plus en plus rigides en allant en profondeur, c'est la lithosphère. Cette lithosphère solide reposerait sur une couche plus molle, visqueuse, l'asthénosphère sur laquelle elle flotterait et pourrait glisser. C'est sur ce concept que repose tout l'édifice de la tectonique des plaques.

L'expansion océanique

Lorsque les laves venues des profondeurs sont injectées dans les flancs des grandes dorsales océaniques, elles écartent de chaque côté les lèvres de cette fissure et il en résulte une extension des océans qui repoussent de part et d'autre les grandes plaques continentales, et les continents dérivent ainsi en glissant sur les matériaux plus visqueux de l'asthénosphère. Cette hypothèse émise par deux savants Vine et Matthews explique que la couche supérieure se déplace comme un tapis roulant à raison d'un centimètre environ par an, ce qui a pour conséquence d'augmenter la largeur de l'océan et de provoquer des réactions lorsque la croûte océanique vient buter sur le continent voisin.

Cette expansion océanique a été prouvée au cours de l'expédition F.A.M.O.U.S. de 1973-1974 où fut filmé le jaillissement des laves dans le fossé de la dorsale médio-atlantique. On comprend maintenant la formation de l'Atlantique. Celui-ci, au début du Secondaire, commença à s'ouvrir, le fossé primitif dut ressembler d'abord à la mer Rouge actuelle avant de s'élargir pour devenir un océan.

Mais cette expansion océanique avec une création continue de croûte ne peut s'expliquer que si à cette phase de construction correspond, à la surface du globe, un mécanisme de destruction capable de résorber, d'une manière ou d'une autre, l'excédent de matériaux remontés à la surface du globe et incorporés dans la croûte océanique. Les dimensions de la Terre en effet, restent constantes; si la croûte excédentaire n'était pas détruite, on assisterait à un gonflement du globe qui «grossirait» comme un ballon que l'on gonfle, ce qui n'est pas le cas. Il existe donc à la fois des zones d'expansion, la dorsale médio-atlantique par exemple, et des régions d'absorption. Une des principales se situe dans la bordure Pacifique, c'est une région de grandes fosses marines où la surface en excès de la croûte plongerait dans le manteau et serait détruite. Ce phénomène engendrerait de violents tremblements de terre lorsque des plaques de lithosphère s'enfoncent dans l'asthénosphère.

La « ceinture de feu » du Pacifique expliquée

Cette théorie a été bien définie par un Français, X. Le Pichon. « L'expansion à l'axe des dorsales doit être compensée par une contraction égale le long des lignes qui sont de toute évidence les fossés océaniques. »

Aux zones d'expansion, correspondent donc des zones de compression ou de rapprochement des plaques. Ainsi les plaques nord-américaine et sud-américaine repoussées vers l'ouest par l'expansion de la dorsale médio-atlantique repoussent à l'est la lithosphère de la plaque Pacifique qui s'enfonce sous les plaques indienne et australienne en une suite de mouvements saccadés qui se manifestent par des séismes.

Ces plaques qui se chevauchent, qui se soulèvent lorsque l'une s'enfonce sous l'autre, créent une sorte de mécanisme général à l'échelle de la planète et expliquent la périodicité et la violence du phénomène par les tremblements de terre qui en sont consécutifs.

Il y a de cette façon des régions sensibles, essentiellement dans la ceinture du Pacifique, sur la bordure de l'Amérique du Sud et la façade océanique de l'Asie (îles Aléoutiennes, Japon, péninsule du Kamchatka). La présence des volcans au même endroit, la célèbre « ceinture de feu » du Pacifique, aurait pour origine la remontée vers la surface des matériaux ignés provoqués par la fusion de la plaque lorsqu'elle s'enfonce dans le manteau. De même la formation des grandes chaînes de montagnes résulte du même phénomène de compression. Les matériaux de la lithosphère comprimés entre deux plaques s'exhaussent et donnent l'Himalaya lorsque la plaque indienne se heurte à la plaque eurasiatique, ou la cordillère des Andes lorsque la plaque sud-américaine s'est trouvée freinée par celle du Pacifique.

« Une hypothèse unificatrice cohérente à l'échelle du globe »

Cette vision globale et grandiose des forces qui régissent notre planète et expliquent à la fois la formation des continents, les tremblements et la présence des volcans, tout ce qu'on entendait jadis sous le terme général de « révolutions du globe », est le fruit de la synthèse entre une théorie générale, celle de la dérive continentale due à la pensée de Wegener, et les découvertes récentes réalisées dans l'explorations des fonds océaniques.

Alfred Wegener est à l'origine de cette révolution scientifique. Deux de ses disciples, Hans Benndorf et Max Wundt, ont bien défini le génie propre de ce grand savant. Ils ont reconnu qu'il s'était attaqué aux problèmes scientifiques qui le préoccupaient avec des moyens modestes en mathématiques, en physique ou en sciences naturelles. Cependant, il avait un talent extraordinaire d'observateur, pour discerner à la fois ce qui était simple et important et dont on pouvait attendre un résultat satisfaisant. Un sens logique très sûr lui permettait de rassembler avec justesse tout ce qui était utile à ses théories. « Wegener, a déclaré Hans Benndorf, a acquis ses connaissances surtout de manière intuitive, jamais, ou très rarement, par déduction à partir de schémas préétablis. Je dois dire également que lorsqu'il s'agissait de questions relatives à la physique, un domaine assez éloigné de ses connaissances, j'étais toujours étonné de la justesse de son jugement. Avec quelle aisance il trouvait sa voie à travers les plus compliquées des théories ! Avec quelle prescience il saisissait le point important ! Il lui arrivait fréquemment de dire après réflexion « je crois ceci ou cela » et la plupart du temps il avait raison, comme nous devions le vérifier au bout de quelque temps, après une analyse rigoureuse. Wegener sentait ce qui était important, son intuition ne le trompait jamais. »

Les plus récentes découvertes de la science géologique n'ont fait que confirmer ce jugement. Wegener avait eu raison d'imaginer un continent originel, la Pangée, qui s'était ensuite dispersé à la surface du globe sous l'influence de la dérive. Mais l'explosion scientifique des deux dernières décennies a enrichi et complété son œuvre. La tectonique des plaques diffère des théories de Wegener. Alors qu'il croyait que les continents seuls dérivaient sur des couches basaltiques, on sait maintenant qu'une croûte continentale rigide est ancrée sur de grandes plaques lithosphériques supportant à la fois des continents et des océans et que ce sont elles qui se déplacent comme d'immenses radeaux sur des couches plus mobiles (asthénosphère).

Des lacunes demeurent dans cette impressionnante théorie et il est certain que le moteur de la dérive, ce qui donne l'impulsion profonde qui fait se mouvoir les grandes plaques continentales, est encore mal connu et du domaine de l'hypothèse. D'autres recherches, d'autres campagnes permettront sans doute de résoudre les problèmes en suspens. Telle qu'elle est formulée aujourd'hui, la théorie de la tectonique des plaques, héritière de la dérive des continents mise en place par Alfred Wegener, est bien, suivant la formule de X. Le Pichon, « une hypothèse unificatrice cohérente à l'échelle du globe ». Elle permet de comprendre la diversité des aspects de notre planète par l'énoncé de quelques grands et simples mécanismes dynamiques.

Table des Matières